劳动预备制教材
职业培训教材

电工电子基础
（智能楼宇专业）

U0344075

中国劳动社会保障出版社

图书在版编目（CIP）数据

电工电子基础（智能楼宇专业）/杜海亮主编. —北京：中国劳动社会保障出版社，2014

劳动预备制教材　职业培训教材

ISBN 978-7-5167-1112-5

Ⅰ.①电…　Ⅱ.①杜…　Ⅲ.①电工技术-技术培训-教材②电子技术-技术培训-教材 Ⅳ.①TM②TN

中国版本图书馆 CIP 数据核字（2014）第 130177 号

中国劳动社会保障出版社出版发行

（北京市惠新东街 1 号　邮政编码：100029）

*

北京金明盛印刷有限公司印刷装订　新华书店经销

787 毫米×1092 毫米　16 开本　9.5 印张　222 千字

2014 年 7 月第 1 版　　2014 年 7 月第 1 次印刷

定价：18.00 元

读者服务部电话：（010）64929211/64921644/84643933

发行部电话：（010）64961894

出版社网址：http://www.class.com.cn

版权专有　　　侵权必究

如有印装差错，请与本社联系调换：（010）80497374

我社将与版权执法机关配合，大力打击盗印、销售和使用盗版
图书活动，敬请广大读者协助举报，经查实将给予举报者奖励。

举报电话：（010）64954652

前　言

《中华人民共和国就业促进法》规定："国家采取措施建立健全劳动预备制度，县级以上地方人民政府对有就业要求的初高中毕业生实行一定期限的职业教育和培训，使其取得相应的职业资格或者掌握一定的职业技能。"

为进一步加强劳动预备制培训教材建设，满足各地实施劳动预备制对教材的需求，我们会同中国劳动社会保障出版社，组织有关人员对 2000 年出版的机械加工、电工、计算机、汽车、烹饪、饭店服务、商业、服装、建筑等类劳动预备制培训的专业课教材进行修订改版，并新编了美容美发、保健护理、物流、数控加工、会计、家政服务等类专业课教材。

在组织修订、编写教材时，考虑到接受培训人员的实际水平，为了使学员在较短时间内掌握从业必备的基本知识和操作技能，我们力求做到学习的理论知识为掌握操作技能服务，操作技能实践课题与生产实际紧密结合，内容深入浅出、图文并茂，增强教材的实用性和可读性。同时，注意在教材中反映新知识、新技术、新工艺和新方法，努力提高教材的先进性。

为了在规定的期限内更好地完成劳动预备制培训，各专业按照公共课+专业课的模式进行教学。公共课分为必修课和选修课，教材为《法律常识》《职业道德》《就业指导》《计算机应用》《劳动保护知识》《应用数学》《实用写作》《英语日常用语》《实用物理》《交际礼仪》。专业课教材分为专业基础知识教材和专业技术（理论和实训一体化）教材。

在这批教材的修订、编写过程中，编审人员克服各种困难，较好地完成了任务。在此，谨向付出辛勤劳动的编审人员表示衷心感谢。

由于编写时间有限，教材中可能有一些不足之处，我们将在教材使用过程中听取各方面的意见，适时进行修改，使其趋于完善。

人力资源和社会保障部教材办公室

前　言

简　介

　　本书是劳动预备制智能楼宇基础知识教材，内容包括电路基础、常用仪表及工具的使用、电气识图基础、电动机及其控制、供配电系统、防雷接地与安全用电、模拟电路、数字电路。

　　本书结合智能楼宇专业的特点，重点讲述实际工作中所需的电工电子基础知识。为方便学员复习重点知识，书中各模块均配备了练习题，并提供了参考答案。通过学习，学员能够较全面地掌握必备的电工电子理论知识，为学好专业技能打下坚实基础。

　　本书由杜海亮主编，李树栋、蔡敬云、崔胜、仰永、冯佳、欧淼参编，赵峰主审。

目　　录

第一单元 电路基础

模块一 直流电路

学习目标

1. 了解电路的组成。
2. 理解电路中物理量的含义。
3. 掌握欧姆定律及电路的连接。

一、电路的基本概念

电流经过的路径称为电路。

1. 电路的组成

最基本的电路由电源 E（将其他能量转换为电能的装置）、负载 R（将电能转换为其他能量的器件）和中间环节（导线、开关等）组成，如图 1—1 所示。

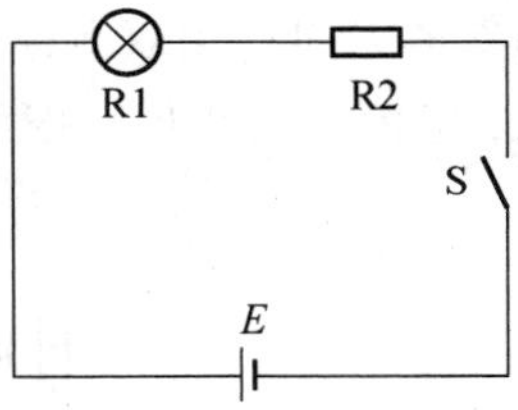

电路分为直流电路（直流电源）和交流电路（交流电源）。

图 1—1 简单电路

2. 电路的三种状态

（1）通路状态

通路状态就是有载工作状态，即开关闭合，负载上有电流通过。根据负载的大小可分为满载（额定功率下工作）、轻载（低于额定功率工作）和过载（高于额定功率工作）三种情况。

（2）短路状态

短路是由于某种原因电源两端未经负载连在一起（外电路的电阻为零），此时电流回路中仅有很小的电源内阻，故电流很大，会使电源烧毁，应避免短路故障的发生。

（3）开路状态

开路状态就是电源两端或电路某处断开的状态，电路不闭合，负载上没有电流通过，电源不向负载输送电能。

二、电路的基本物理量

1. 电流

（1）电流的形成

导体中电荷（原子核和电子或正离子和负离子）有规则地定向运动形成电流。

（2）电流的大小

电流在数值上为单位时间内通过导体横截面的电荷量，即：

$$I = Q/t$$

式中　I——电流，A；

　　Q——电荷量，C；

　　t——时间，s。

（3）单位

电流的单位是安培（A），简称"安"，也常用毫安（mA）或微安（μA）作为单位。

$$1\ A = 10^3\ mA = 10^6\ \mu A$$

直流（稳恒电流）：大小和方向都不随时间变化的电流。

交流（交变电流）：大小和方向都随时间变化的电流。

【例1—1】　某导体在0.5 s内均匀通过的电荷量为3 C，求导体中的电流。

解：$I = Q/t = 3/0.5 = 6(A)$

（4）电流的方向

规定以正电荷运动的方向为电流的方向。

参考方向与实际方向的关系：任意选定一个方向为电流的参考方向，参考方向有两种表示方法：用箭头表示和用双下标表示，如图1—2所示。用箭头表示时，箭头的指向为电流的参考方向；用双下标表示时，如I_{ab}表示电流的方向由a指向b。参考方向与实际方向一致，电流值为正值；参考方向与实际方向相反，电流值为负值。

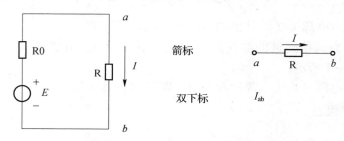

图1—2　电流的参考方向

如图1—2所示，若$I = 2$ A，则电流从a流向b；若$I = -2$ A，则电流从b流向a。

注意：在参考方向选定后，电流值才有正负之分。

2. 电位

电场力把单位正电荷从电场中的某点移到参考点所做的功称为该点的电位，用ϕ表示。

以o点为参考点时，a点的电位ϕ_a为：

$$\phi_a = A_{ao}/Q$$

式中　A_{ao}——电荷Q从a点到o点所做的功，J；

　　Q——正电荷量，C。

b点的电位ϕ_b为：

$$\phi_b = A_{bo}/Q$$

某点电位的大小与参考点o的选择有直接关系。通常以大地为参考点，电子设备中一般以金属底板、外壳为参考点。参考点的电位规定为零（$\phi_o = 0$），其他点电位的大小有正负之分。

若功A的单位是J（焦耳），电荷Q的单位是C（库仑），则电位ϕ的单位是V（伏特）。

3. 电压

（1）电压的形成

电场力将单位正电荷从 a 点移到 b 点所做的功称为 a、b 两点间的电压 U_{ab}，且：

$$U_{ab} = A_{ab}/Q = \phi_a - \phi_b$$

（2）电压的方向

一是高电位指向低电位；二是电位随参考点不同而改变。

（3）电压与电位的关系

电场中两点间的电位差（$\phi_a - \phi_b$）就是两点间的电压（U_{ab}）。电压与电位的单位相同。电压的实际方向规定由高电位指向低电位，即电位降的方向，在电路图中可用箭头、正负号、双下标字母来表示。

进行分析计算时，任意设定的假想方向又叫正方向，电压参考方向的表示方法如图 1—3 所示。

参考方向与实际方向的关系：参考方向与实际方向一致时，电压值为正值；参考方向与实际方向相反时，电压值为负值。在图 1—3 中，若 $U_{ab} = 5$ V，则电压的实际方向从 a 指向 b；若 $U_{ab} = -5$ V，则电压的实际方向从 b 指向 a。

注意：在参考方向选定后，电压值才有正负之分。

4. 电源和电动势

（1）电源

电源是指将非电能转换为电能的装置。

（2）电动势

衡量电源将其他能量转换为电能的本领大小的物理量，即外力把单位正电荷从电源负极经电源内部移到正极所做的功，称为该电源的电动势，用 E 表示，单位也是伏特（V）。

（3）电源电动势 E 与电源端电压 U 的关系

电源电动势 E 在数值上等于电源两端的开路电压 U，但在方向上两者相反。如图 1—4 所示。

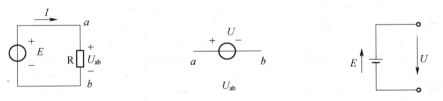

图 1—3　电压参考方向的表示方法　　　图 1—4　电动势与端电压

电动势与电压的区别如下：

1）电动势表示非电场力做功的大小，电压表示电场力做功的大小。

2）电动势的方向由低电位指向高电位，电压的方向由高电位指向低电位。

3）电动势仅存在于电源内部，电压不仅存在于电源两端，也存在于电源外部。

5. 电阻

（1）电阻的概念

电阻表示导体对电流阻碍作用的大小。导体的电阻越大，表示导体对电流的阻碍作用越大。不同的导体，电阻一般不同，电阻是导体本身的一种性质。电阻元件是对电流呈现阻碍作用的耗能元件。电阻用字母 R 表示，单位是欧姆（Ω）。

电阻的计算公式为：

$$R = \rho \frac{l}{S}$$

式中　ρ——材料电阻率（铜 ρ = 0.017，铝 ρ = 0.028）；

　　　l——导体长度，m；

　　　S——截面积，mm^2。

（2）电阻参数识别

电阻的单位为欧姆（Ω），倍率单位有千欧（kΩ）和兆欧（MΩ）等。换算方法是 1 MΩ = 1 000 kΩ = 1 000 000 Ω。

电阻的参数标注方法有三种，即直标法、数标法和色标法。

1）数标法主要用于贴片等小体积的电路，例如，472 表示 47×10^2 Ω（即 4.7 k）；104 则表示 10×10^4（即 100 k）。

2）色标法使用最多，其中四色环电阻和五色环电阻（精密电阻）的读取方法如图1—5所示。

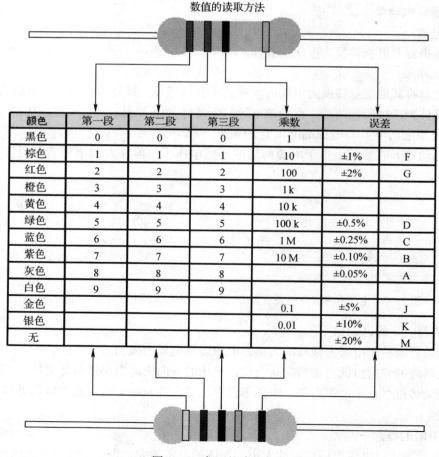

数值的读取方法

颜色	第一段	第二段	第三段	乘数	误差	
黑色	0	0	0	1		
棕色	1	1	1	10	±1%	F
红色	2	2	2	100	±2%	G
橙色	3	3	3	1 k		
黄色	4	4	4	10 k		
绿色	5	5	5	100 k	±0.5%	D
蓝色	6	6	6	1 M	±0.25%	C
紫色	7	7	7	10 M	±0.10%	B
灰色	8	8	8		±0.05%	A
白色	9	9	9			
金色				0.1	±5%	J
银色				0.01	±10%	K
无					±20%	M

图1—5　色环的读取方法

三、电路的欧姆定律

欧姆定律是表示电压、电流、电阻三者关系的基本定律。

1. 部分电路欧姆定律

部分电路是指不含电源的一段电路，通过电阻器的电流 I 与电阻两端的电压 U 成正比，与电阻 R 成反比。即：

$$I = U/R \ 或 \ U = IR$$

部分电路如图1—6所示，欧姆定律揭示了电流、电压、电阻三者之间的关系。

【例1—2】 灯泡接220 V电压，正常工作电流为455 mA，求该灯泡的电阻值。

解： 由 $I = U/R$ 得：

$$R = U/I = 220/(455 \times 0.001) \approx 483.5(\Omega)$$

2. 全电路欧姆定律

全电路是指含有电源的闭合电路。全电路具有电源 G 和负载 R，其中电源 G 由电动势 E 和内电阻 R0 组成，如图1—7所示。

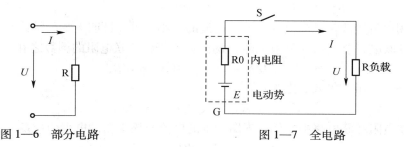

图1—6 部分电路   图1—7 全电路

负载 R 的电压 U 是电动势 E 产生的，它既是电阻两端的电压，又是电源的端电压。

当开关 S 断开时，电源的端电压在数值上等于电源电动势（方向是相反的），即 $U_{开} = E$。

当开关 S 闭合时，电源的端电压小于电源电动势，端电压等于电源电动势减去内电阻上的电压降（$U_0 = IR_0$），即 $U = E - U_0$。

因 $U_0 = IR_0$ 和 $U = IR$，带入式中得：

$$I = E/(R + R_0)$$

四、电路的连接

1. 串联电路

电阻的串联就是将两个或两个以上的电阻头尾依次相连，中间无分支的连接方式，如图1—8所示。

电阻串联电路的特点如下：

（1）流过每一个电阻的电流都相等，即：

$$I_1 = I_2 = I_3 = I_n$$

（2）电路两端的总电压等于各电阻两端的电压之和，即：

$$U = U_1 + U_2 + U_3$$

（3）串联电路的等效电阻等于各串联电阻之和，即：

$$R = R_1 + R_2 + R_3$$

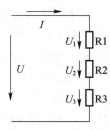

图1—8 串联电路

（4）串联电路各电阻上的电压分配与各电阻的阻值成正比，即：

$$U_n = R_n U / R$$

遇到两个电阻的串联电路，其分压公式为：

$$U_1 = R_1 U / (R_1 + R_2) \qquad U_2 = R_2 U / (R_1 + R_2)$$

2. 并联电路

将两个或两个以上的电阻一端连在一起，另一端也连在一起，使每一个电阻两端都承受相同的电压，电阻的这种连接方式叫作并联。如图1—9所示为三个电阻的并联电路。

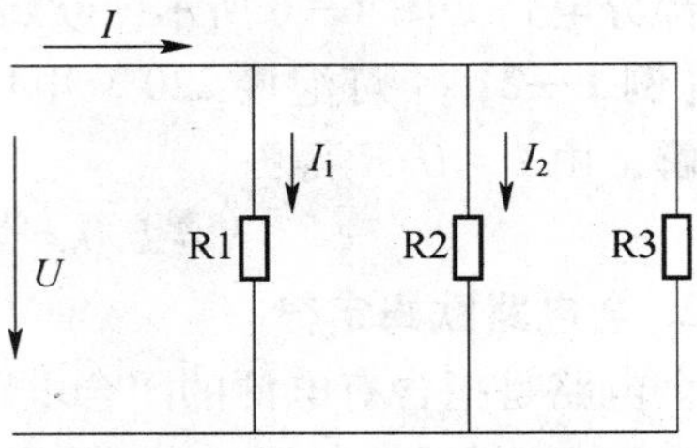

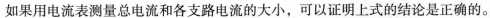

电阻并联电路的特点如下：

（1）电路中各支路两端的电压相等，且等于电路两端的电压，即：

$$U = U_1 = U_2 = U_3 = U_n$$

（2）电路中的总电流等于各支路电流之和，即：

$$I = I_1 + I_2 + I_3$$

图1—9　并联电路

如果用电流表测量总电流和各支路电流的大小，可以证明上式的结论是正确的。

（3）并联电路总电阻（等效电阻）的倒数等于各并联电阻的倒数之和，即：

$$1/R = 1/R_1 + 1/R_2 + 1/R_3$$

两个并联电阻的等效电阻为：

$$R = R_1 R_2 / (R_1 + R_2)$$

（4）在电阻并联电路中，任一支路分配的电流与该支路的电阻值成反比，即：

$$I_n = RI / R_n$$

对于两个电阻的并联电路，其分流公式为：

$$I_1 = R_2 I / (R_1 + R_2) \qquad I_2 = R_1 I / (R_1 + R_2)$$

3. 混联电路

电路中既有电阻的串联，又有电阻的并联，这种连接方式称为电阻的混联，如图1—10所示。

对于混联电路的计算，应在掌握串联电路和并联电路分析计算的基础上，一步一步把电路简化，即可求出总的等效电阻，完成相关计算。

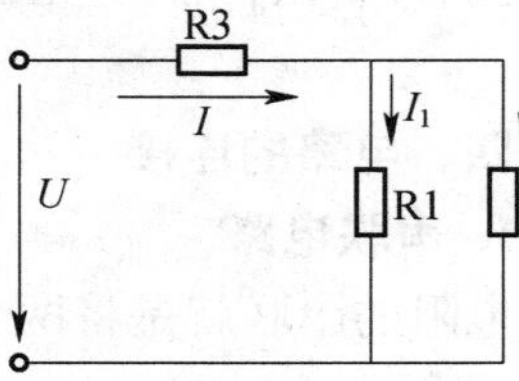

对于先并再串电路，应先计算并联的等效电阻，再计算串联的等效电阻，即 $R = R_1 + R_{23} = R_1 + R_2 R_3 / (R_2 + R_3)$。

对于先串再并电路，应先计算串联的等效电阻，再计算并联的等效电阻，即 $R = R_1 /\!/ R_{23} = R_1 (R_2 + R_3) / (R_1 + R_2 + R_3)$。

图1—10　混联电路

五、电功和电功率

1. 焦耳定律

电流通过导体时会产生热量，这种现象称为电流的热效应（导体内分子的热运动加剧造成一部分电能转换成热能）。试验表明，电流 I（A）流过阻值为 R（Ω）的电阻，在时间 t（s）内发出的热量 Q（J）为：

$$Q = I^2 Rt$$

上式称为焦耳定律，其物理意义是电流流过导体产生的热量与电流的平方、导体的电阻和通电的时间成正比。

2. 电功

电场力（或电源力）移动电荷所做的功称为电流的功（电功），用 W 表示，单位为焦耳（J）。

由 $W = QU$ 和 $Q = It$ 可得：

$$W = IUt$$

3. 电功率

电功率是指电场力（或电源力）在单位时间内所做的功，用 P 表示，单位为瓦特（W），常用的单位还有 kW、mW 等。其计算公式为：

$$P = \frac{W}{t} = UI = I^2R = \frac{U^2}{R}$$

当电压一定时，电功率与电阻值成反比；当电流一定时，电功率与电阻值成正比。

在实际生活中，电度表衡量电功的常用单位是度，即千瓦时（kW·h）。

【例1—3】 220 V、40 W 的白炽灯接在 220 V 的供电线路上，若平均每天使用 2.5 h，电价是 0.53 元/度，求一个月（30 天）应付的电费。

解： $W = Pt = 40 \times 10^{-3} \times 2.5 \times 30 = 3(\text{kW} \cdot \text{h})$

应付的电费为：0.53×3 = 1.59（元）

练 习 题

1. 电路由_____、_____、_____组成。

2. 电路的三种状态是_____、_____、_____。

3. 欧姆定律是表示_____、_____、_____三者关系的基本定律，其表达式为_____。

4. 有一个 100 Ω、额定功率为 1 W 的电阻接在直流电路中，在使用时电流不得超过_____，电压不得超过_____。

模块二　交流电路

学习目标

1. 了解交流电的概念。

2. 掌握正弦量的三要素。

3. 理解三相交流电的基本知识。

一、交流电的基本概念

1. 交流电

交流电是指大小和方向随时间做周期性变化,并且在一个周期内的平均值为零的电压、电流和电动势。图 1—11 所示为直流电和几种交流电的波形。

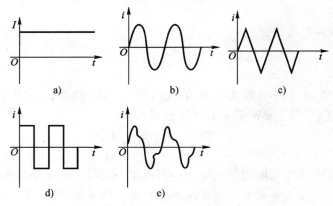

图 1—11　直流电和交流电的波形
a)直流　b)交流正弦波　c)交流三角波
d)交流方波　e)任意交流波形

2. 直流电和交流电的表示方法

直流电的物理量用大写字母表示,如 E、I、U 等;交流电的物理量用小写字母表示,如 e、i、u 等。

3. 交流电的参考方向

如图 1—12 所示为交流电的参考方向。图中标出的 u_s、i、u 的方向均为参考方向,它们的实际方向是在不断反复变化的,与参考方向相同的半个周期为正值,与参考方向相反的半个周期为负值。

二、正弦交流电相关量

1. 周期

周期是指交流电变化一个循环所需要的时间,如图 1—13 所示。

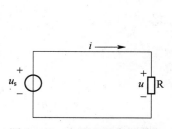

图 1—12　交流电的参考方向

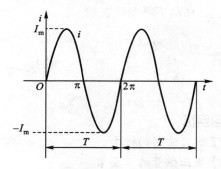

图 1—13　正弦交流电的波形

2. 频率

频率是指交流电在单位时间内(每秒钟)完成的周期数,单位是赫兹(Hz)。频率和周期互为倒数，即：

$$f = \frac{1}{T}$$

3. 角频率

角频率是指单位时间内变化的角度（以弧度为单位），单位是弧度/秒（rad/s）。角频率与周期 T、频率 f 之间的关系为：

$$\omega = \frac{2\pi}{T}$$

$$\omega = 2\pi f$$

【例1—4】 我国供电电源的频率为 50 Hz，称为工业标准频率，简称工频，其周期为多少？角频率为多少？

解：
$$T = \frac{1}{f} = \frac{1}{50} = 0.02 \text{ s}$$

$$\omega = 2\pi f = 2 \times 3.14 \times 50 = 314 \text{ rad/s}$$

即工频 50 Hz 的交流电每 0.02 s 变化一个循环，每秒钟变化 50 个循环。

4. 瞬时值

交流电每一瞬时所对应的值叫作交流电的瞬时值。

5. 最大值

交流电在一个周期内数值最大的值叫作交流电的最大值或振幅值。

6. 有效值

有效值是规定用来计量交流电大小的物理量。如果交流电通过一个电阻时，在一个周期内产生的热量与某直流电通过同一电阻在同样长的时间内产生的热量相等，就将这一直流电的数值定义为交流电的有效值。

正弦交流电的有效值和最大值之间的关系为：

$$I = \frac{I_{\text{m}}}{\sqrt{2}} = 0.707 I_{\text{m}}$$

一般情况下，人们所说的交流电流和交流电压的大小以及测量仪表所指示的电流和电压值都是指有效值。

【例1—5】 我国生活用电是 220 V 交流电，其最大值为多少？

解：
$$U_{\text{m}} = \sqrt{2} U = \sqrt{2} \times 220 = 311 \text{ V}$$

式中　U_{m}——电压最大值，V；

　　　　U——电压有效值，V。

7. 相位

正弦交流电流在每一时刻都是变化的，$(\omega t + \varphi_0)$ 是该正弦交流电流在 t 时刻所对应的角度。

8. 初相角

$t = 0$ 所对应的角度 φ_0 称为初相角。

9. 相位差

两个同频正弦交流电的相位之差称为相位差。

$$\varphi = (\omega t + \varphi_{01}) - (\omega t + \varphi_{02}) = \varphi_{01} - \varphi_{02}$$

$0 < \varphi < \pi$ 时，波形如图1—14a所示，i_1 总比 i_2 先经过对应的最大值和零值，这时就称 i_1 超前 i_2 φ 角（或称 i_2 滞后 i_1 φ 角）。

$-\pi < \varphi < 0$ 时，波形如图1—14b所示，称 i_1 滞后于 i_2（或称 i_2 超前 i_1）。

$\varphi = 0$ 时，波形如图1—14c所示，称 i_1 与 i_2 相位相同，简称同相。

$\varphi = \pi$ 时，波形如图1—14d所示，称 i_1 与 i_2 相位相反，简称反相。

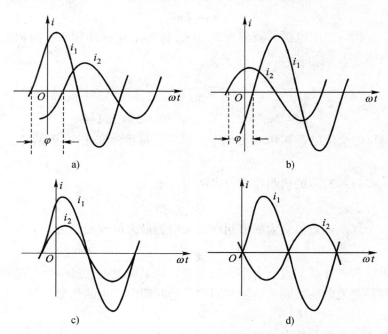

图1—14 正弦交流电的相位差

a) $0 < \varphi < \pi$ b) $-\pi < \varphi < 0$ c) $\varphi = 0$ d) $\varphi = \pi$

三、正弦交流电的表示法

1. 波形图表示法

正弦交流电的波形图表示法如图1—15所示。

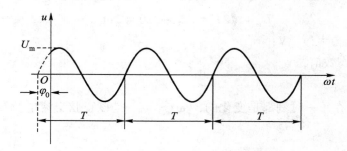

图1—15 正弦交流电的波形图表示法

图中直观地表达出被表示的正弦交流电压的最大值 U_m、初相角 φ_0 和角频率 $\omega(\omega = 2\pi f)$。

2. 解析式表示法

用解析式表示正弦交流电为：

$$u = U_m\sin(\omega t + \varphi_0) = U_m\sin\alpha$$

式中　$\alpha = \omega t + \varphi_0$，$\alpha$ 为该正弦交流电压的相位（ω 为角频率，φ_0 为初相角）；U_m 为最大值。

四、三相交流电路

1. 三相交流电的定义

在磁场里有三个互成角度的线圈同时转动，电路里就产生三个交变电动势。这样的发电机叫作三相交流发电机，发出的电叫作三相交流电。每一单相称为一相，如图 1—16 所示。

2. 三个电动势之间互存相位差

e_A、e_B、e_C 为三相对称电动势。其计算公式为：

$$e_A = E_m\sin\omega t$$
$$e_B = E_m\sin(\omega t - 120°)$$
$$e_C = E_m\sin(\omega t - 240°)$$

3. 电源的连接

（1）星形连接　可用符号"Y"表示，如图 1—16 所示。

相电压是指每个线圈两端的电压。相电压为 220 V。

线电压是指两条相线之间的电压。线电压为 380 V。

相电压与线电压的关系如下：

$$U_{线} = \sqrt{3}\,U_{相}$$
$$U_{相} = 220 \text{ V}$$
$$U_{线} = 380 \text{ V}$$

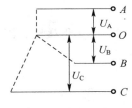

图 1—16　三相四线输出

相电流是指流过每一相线圈的电流，用 $I_{相}$ 表示。

线电流是指流过端线的电流，用 $I_{线}$ 表示。

相电流等于线电流。

（2）三角形连接　可用符号"△"表示，如图 1—17 所示。

$$I_{线} = \sqrt{3}\,I_{相}$$
$$U_{线} = U_{相}$$

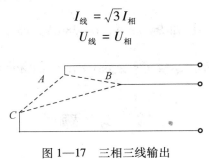

图 1—17　三相三线输出

【例 1—6】　有一三相发电机，其每相电动势为 127 V，分别求出三相绕组作星形连接和三角形连接时的线电压及相电压。

解：作星形连接时，$U_{Y相} = 127$ V，$U_{Y线} = \sqrt{3} U_{Y相} = 127 \times \sqrt{3} \approx 220$（V）

作三角形连接时，$U_线 = U_相 = 127$ V

4. 三相电路功率的计算

单相有功功率：$P = IU$（纯电阻电路）

功率因数是指衡量电气设备效率高低的一个系数，用 $\cos\varphi$ 表示。

对于纯电阻电路，$\cos\varphi = 1$；

对于非纯电阻电路，$\cos\varphi < 1$；

单相有功功率的计算公式为（将公式一般化）$P = IU\cos\varphi$。

三相有功功率：不论星形接法或三角形接法，总的功率等于各相功率之和。

三相总功率计算公式为：$P = I_A U_A \cos\varphi + I_B U_B \cos\varphi + I_C U_C \cos\varphi$

三相对称电路中三相电压、电流都是对称的，故有：

$$U_A = U_B = U_C \qquad I_A = I_B = I_C$$

因此，三相负载的有功功率为：

$$P = P_A + P_B + P_C = 3P_相 = 3U_相 I_相 \cos\varphi$$

对于星形接法，因：

$$U_线 = \sqrt{3} U_相 \qquad I_线 = I_相$$

则

$$P = 3I_相 \times \frac{U_线 \sqrt{3}}{\sqrt{3} \times \sqrt{3}} \cos\varphi = \sqrt{3} I_线 U_线 \cos\varphi$$

对于三角形接法，因：

$$I_线 = \sqrt{3} I_相 \qquad U_线 = U_相$$

则

$$P = 3U_线 \times \frac{I_线 \sqrt{3}}{\sqrt{3} \times \sqrt{3}} \cos\varphi = \sqrt{3} I_线 U_线 \cos\varphi$$

因此，可得出用线电压、线电流表示的三相功率，即：

$$P = 3U_相 I_相 \cos\varphi = \sqrt{3} U_线 I_线 \cos\varphi$$

【例 1—7】 某单相电焊机，用钳形表测出电流为 7.5 A，用万用表测出电压为 380 V，设功率因数为 0.5，求有功功率。

解：根据公式 $P = IU\cos\varphi$，已知 $I = 7.5$ A，$U = 380$ V，$\cos\varphi = 0.5$

则

$$P = IU\cos\varphi = 7.5 \times 380 \times 0.5 = 1\,425（\text{W}）$$

练 习 题

1. 正弦交流电的三要素是_____、_____、_____。

2. 我国工频电的频率是_____，周期和频率之间的关系是_____。

3. 正弦交流电的表示方法有_____种，分别是_____表示法、_____表示法。

4. 有一三相发电机，其每相电动势为 220 V，三相绕组作星形连接时相电压和线电压分别是_____和_____。若改为三角形连接时的线电压和相电压分别是_____和_____。

5. 某单相电焊机额定耗电量为 2.5 kW，额定电压为 380 V，cosφ 为 0.6，其额定电流为_____。

第二单元　常用仪表及工具的使用

模块一　万用表

学习目标

1. 了解万用表的组成和测量原理。
2. 学会万用表的基本使用方法。
3. 掌握电压、电流和电阻的测量技能。

万用表又叫复用电表，它是一种可测量多种电量的多量程便携式仪表。由于它具有测量种类多、测量范围宽、使用和携带方便、价格低等优点，因此应用十分广泛。

一般万用表都可以测量直流电流、直流电压、交流电压、电阻等，有的万用表还可以测量交流电流、电容、电感以及晶体管的 h_{FE} 值等。

一、万用表的结构及工作原理

万用表的基本原理是建立在欧姆定律和电阻串并联分流、分压规律的基础之上的。万用表主要由表头、转换开关、分流和分压电路、整流电路等组成。在测量不同的电量或使用不同的量程时，可通过转换开关进行切换。

万用表按指示方式不同，可分为指针式（模拟式）和数字式两种。指针式万用表的表头为磁电系电流表，数字式万用表的表头为数字电压表。在电工测量中，指针式万用表用得较多，但有些场合也使用数字式万用表，下面分别讲述其使用方法。

二、指针式（模拟式）万用表的使用

指针式（模拟式）万用表的型号很多，但测量原理基本相同，使用方法相近。下面以电工测量中常用的MF47 型万用表为例说明其使用方法。MF47 型万用表的表头灵敏度为 45 μA，表头内阻为 2 500 Ω，并对各量程实现了全保护，其面板如图 2—1 所示。MF47 型万用表的使用方法如下：

1. 使用前的准备

万用表使用前先要调整机械零点，把万用表水平放置好，看表针是否指在刻度零点，如不指零，则应旋动机械调零旋钮，使表针准确指在零点上。

万用表有红色和黑色两个表笔（测试棒），使用时应插在表的下方标有"＋"和"COM"的两个插孔内，

图 2—1　MF47 型万用表面板

红表笔插入"＋"插孔，黑表笔插入"COM"插孔。

MF47 型万用表用一个转换开关来选择测量的电量和量程，使用时应根据被测量及其大小选择相应挡位。在被测量大小不详时，应先选用较大的量程测量，如不合适再改用较小的量程，以表头指针指到满刻度的 2/3 以上位置为宜。万用表的刻度盘上有许多标度尺，分别对应不同被测量和不同量程，测量时应在与被测电量及其量程相对应的刻度线上读数。

2. 电流的测量

测量直流电流时，用转换开关选择好适当的直流电流量程，将万用表串联到被测电路中进行测量。测量时注意正、负极性必须正确，应按电流从正到负的方向，即由红表笔流入、黑表笔流出。测量大于 500 mA 的电流时，应将红表笔插到"5 A"插孔内。

3. 电压的测量

测量电压时，用转换开关选择好适当的电压量程，将万用表并联在被测电路上进行测量。测量直流电压时，正、负极性必须正确，红表笔应接被测电路的高电位端，黑表笔接低电位端。测量大于 500 V 的电压时，应使用高压测试棒插在"2 500 V"插孔内，并应注意安全。交流电压的刻度值为交流电压的有效值。被测交、直流电压值由表盘的相应量程刻度线上读数。

4. 电阻的测量

测量电阻时，用转换开关选择好适当的电阻倍率。测量前应先调整欧姆零点，将两表笔短接，看表针是否指在欧姆零刻度上，若不指零，应转动欧姆调零旋钮，使表针指在零点。如调不到零，说明表内的电池不足，需更换电池。每次变换倍率挡后应重新调零。

测量时用红、黑两表笔接在被测电阻两端进行测量，为提高测量的准确度，选择量程时应使表针指在欧姆刻度的中间位置附近为宜，测量值由表盘欧姆刻度线上读数。其计算公式为：

$$被测电阻值 = 表盘欧姆读数 \times 挡位倍率$$

测量接在电路中的电阻时，须断开电阻的一端或断开与被测电阻相并联的所有电路，此外还必须断开电源。

5. 晶体管的测量

将测量转换开关置于"h_{FE}"位置，将被测晶体管 NPN 型或 PNP 型的基极、集电极和发射极分别插入相应的"B""C"和"E"插孔中，即得到"h_{FE}"的值。测试条件为 $V_{CE} = 1.5$ V，$I_B = 10$ μA，"h_{FE}"的值显示在 0~300 之间。

6. 使用注意事项

（1）在测量大电流或高电压时，禁止带电转换量程开关，以免损坏转换开关的触点。切忌用电流挡或电阻挡测量电压，否则会烧坏仪表内部电路和表头。

（2）测量直流电量时，正、负极性应正确，接反会导致表针反向偏转，引起仪表损坏。在不能分清正负极时，可选用较大量程的挡试测一下，一旦发生指针反偏现象应立即更正。

（3）测量完毕，将转换开关置于空挡或交流电压最高挡位置，以保护仪表。若仪表长期不用时，应取出内部电池，以防电解液流出损坏仪表。

三、数字式万用表的使用

数字式万用表以其测量精度高、显示直观、速度快、功能全、可靠性好、小巧轻便、耗电量小以及便于操作等优点受到人们的普遍欢迎，已成为电子、电工测量以及电子设备维修的必备仪表。下面以 HD6503 型数字式万用表为例进行介绍。

HD6503 型数字式万用表是一种三位半数字万用表，配有液晶显示器，最大显示值为1 999，能自动显示极性和超量程符号，并对各量程实现了全
保护。工作温度范围为 0~40℃。HD6503 型数字式万用表的外
形如图 2—2 所示。其使用方法如下：

1. 直流电压（DCV）的测量

使用时，将功能转换开关置于"DCV"挡的相应量程上，
将红表笔插入测量插孔"VΩ"，黑表笔插入测量插孔
"COM"，两表笔并联在被测电路两端，并使红表笔对应高电位
端，黑表笔对应低电位端。此时显示屏显示出相应的电压数字
值。如果被测电压超过所选定量程，显示屏将只显示最高位
"1"，表示溢出，此时应将量程改高一挡，直至得到合适的读
数为止。但被测电压超过所用量程范围过大时，易造成万用表
的损坏，因此应注意测量前挡位的选择。

2. 交流电压（ACV）的测量

将功能转换开关置于"ACV"挡的相应量程上，将红表笔
插入测量插孔"VΩ"，黑表笔插入测量插孔"COM"，两表笔
并联在被测电路两端，表笔不分正负。数字表所显示数值为测
量端交流电压的有效值。如果被测电压超过所设定量程，显示
屏将只显示最高位"1"，表示溢出，此时应将量程改高一挡再
进行测量。

图 2—2　HD6503 型
数字式万用表的外形

3. 直流电流（DCA）的测量

将功能转换开关置于"DCA"挡的相应量程上，将红表笔插入测量插孔"A"，黑表笔
插入测量插孔"COM"，两表笔应串联在被测回路中，红表笔接在电流正极方向，黑表笔接
在电流负极方向。当电流超过 500 mA 时，将量程转换开关置于"DCA"挡的"10 A"量程
上，并将红表笔插入测量插孔"10 A"中。因此时测量最高电流可达 10 A，测量时间不得
超过 10 s；否则会因分流电阻发热而使读数发生变化。

4. 电阻的测量

将量程转换开关置于"OHM"挡的五个相应量程上，无须调零，将红表笔插入测量插
孔"VΩ"，黑表笔插入测量插孔"COM"中，将两表笔跨接在被测电阻两端，即可在显示
屏上得到被测电阻的数值。

5. 二极管压降和通断的测试

将量程转换开关转换到二极管测试位置，红表笔插入"VΩ"插孔中，黑表笔插入
"COM"插孔中，将红表笔接在二极管正极上，黑表笔接在二极管负极上，显示屏即显示出
二极管的正向导通压降，单位为毫伏（mV）。二极管的正向压降显示值锗管应为 200~
300 mV、硅管应为 500~800 mV。如测试笔反接，显示屏应显示为"1"，表明二极管不导
通；否则，表明此二极管反向漏电大。若被测二极管已损坏，则正、反向连接时都显示
"000"（短路）或都显示"1"（断路）。

6. 晶体管的测量

将转换开关转换到"h_{FE}"位置，用插座孔连接晶体管的管脚，即将被测晶体管 NPN 型或 PNP 型的基极、集电极和发射极分别插入"B""C"和"E"插孔中，即得到"h_{FE}"的值。测试条件为 $V_{CE}=3\text{ V}$，$I_B=10\text{ μA}$。通常"h_{FE}"的值显示在 0~1 000 之间。

7. 使用注意事项

（1）当显示屏出现电池符号时，表明电池电压不足，应及时更换。装换电池时，关掉电源开关，打开电池盒后盖，即可更换。

（2）当测量电流没有读数时，应检查熔丝。过载保护熔丝断后更换时，需打开整个后端盒盖，方可更换。

（3）测量完毕，应关上电源。若长期不用，应取出电池，以免因漏电而损坏仪表。

（4）这种仪表不宜在日光及高温、高湿的地方使用与存放。其工作温度为 0~40℃，湿度小于 80%。

练 习 题

一、填空题

1. 使用指针式万用表时，发现指针不在零位，测量前必须进行_____。

2. 用指针式万用表测量直流电压时，表笔与被测量对象_____联。高电位端应接_____表笔，低电位端应接_____表笔。

3. 用指针式万用表测量直流电流时，表笔应与被测量对象_____联。电流正极方向应接_____表笔，电流负极方向应接_____表笔。

4. 用指针式万用表测量电阻时，应先进行_____调零，使指针在电阻标尺右端的零位上，这样测量读数才准确。

二、选择题

1. 欲精确测量中等电阻的阻值，应选用（   ）。

A. 万用表　　　　　B. 单臂电桥　　　　　C. 双臂电桥　　　　　D. 兆欧表

2. 用电压测量法检查低压电气设备时，应把万用表扳到交流电压（   ）V 挡位上。

A. 10　　　　B. 50　　　　C. 100　　　　D. 500

3. 指针万用表使用完毕，转换开关应扳到（   ）挡位上，这样有利于表的保护。

A. R×10 k　　　　B. 交流 200 V　　　　C. 直流 500 V　　　　D. 交流 500 V

模块二　钳形电流表

学习目标

1. 了解钳形电流表的组成和测量原理。

2. 学会钳形电流表的基本使用方法。

3. 掌握使用钳形电流表的测量技能。

钳形电流表是电工测量的常用仪表之一，主要用于测量交流电流。其最大优点是不用断开电路就可以测量电流，使用非常灵活、方便；缺点是测量精度比较低，一般为2.5级或5.0级。

一、指针式钳形电流表的结构

根据显示部分的不同，钳形电流表分为指针式和数字式。数字式钳形表的工作原理和指针式钳形表基本一致，不同的是采用液晶显示屏显示数字结果。数字式钳形表最大的特点是没有读数误差，能够记忆测量的结果，可以先测量后读数。指针式和数字式钳形电流表的外形如图2—3所示。

钳形电流表由电流互感器和整流系电流表组成，其结构如图2—4所示。电流互感器的铁芯呈钳口形，当紧握钳形电流表的扳手时，其铁芯张开，将通有被测电流的导线放入钳口中。松开扳手后铁芯闭合，通有被测电流的导线相当于电流互感器的一次绕组，于是在二次绕组就会产生感应电流，并送入整流系电流表测出电流数值。

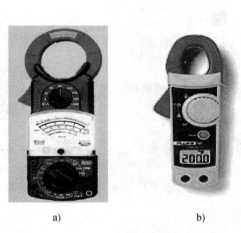

图2—3　指针式和数字式钳形电流表的外形
a）指针式　b）数字式

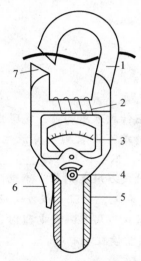

图2—4　钳形电流表的结构
1—互感器铁芯　2—互感器二次绕组　3—电流表
4—转换开关　5—手柄　6—扳手　7—钳口

二、钳形电流表的使用

1. 测量前，应检查电流表指针是否指向零位，若不指零，应进行机械调零。

2. 测量时，量程选择旋钮应置于适当位置，以便在测量时使指针超过中间刻度，减小测量误差。如事先不知道被测电路电流的大小，可先将量程选择旋钮置于高挡，然后再根据指针偏转情况将量程旋钮调整到合适的位置。

3. 当被测电流太小时，可将被测载流导线在铁芯上多绕几匝，将指示值除以匝数即得实测电流值。

4. 测量时，应使被测导线置于钳口内中心位置，待指针稳定后进行读数。

三、使用注意事项

1. 测量前，检查钳形电流表铁芯的橡胶绝缘是否完好，钳口应清洁、无锈，闭合后无明显的缝隙。

2. 改变量程时应将钳形电流表的钳口断开。

3. 为减小误差，测量时被测导线应尽量位于钳口的中央，并垂直于钳口。

4. 钳形电流表只能用来测量低压系统的电流，不可用小量程挡测量大电流，被测线路的电压不能超过钳形电流表所规定的使用电压。每次测量只能钳入一根导线。

5. 不能测量裸导线的电流。测量结束，应将量程开关置于最高挡位，以防下次使用时疏忽，因未选准量程进行测量而损坏仪表。

练 习 题

一、填空题

1. 钳形电流表的优点是_____，缺点是_____。

2. 指针式钳形电流表使用前，若指针未指向零位，需要进行_____。

3. 常用钳形电流表由_____和_____组成。

二、判断题

1. 钳形电流表的准确度一般都在 0.5 级以上。　　　　　　　　　　　（　　）

2. 常用钳形电流表只能测量交流电流。　　　　　　　　　　　　　　（　　）

3. 钳形电流表使用完毕，必须把其量程开关置于最大量程位置。　　　（　　）

4. 用钳形电流表测电流时不必切断被测电路，所以非常方便。　　　　（　　）

模块三　兆欧表

学习目标

1. 了解兆欧表的测量原理。

2. 学会兆欧表的使用方法。

3. 掌握电气设备绝缘电阻的测量技能。

一、兆欧表的结构和原理

兆欧表又称摇表或绝缘电阻测定仪，它是用来检测电气设备、供电线路绝缘电阻的一种可携式仪表。其标尺刻度以"MΩ"为单位，可较准确地测出绝缘电阻值。

兆欧表主要由手摇直流发电机和磁电系电流比率式测量机构（流比计）组成，其外形如图 2—5 所示。手摇直流发电机的额定输出电压有 250 V、500 V、1 kV、2.5 kV、5 kV 等几种规格。

兆欧表的测量机构有两个互成一定角度的可动线圈，装在一个有缺口的圆柱铁芯外边，并与指针一起固定在同一转轴上，置于永久磁铁的磁场中。由于指针上没有力矩弹簧，在仪表不用时，指针可停留在任何位置。

二、兆欧表的选择

选择兆欧表时，其额定电压一定要与被测电气设备或线路的工作电压相适应，测量范围

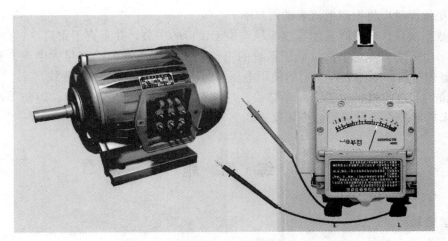

图 2—5　用兆欧表测量电动机绝缘电阻

也要与被测绝缘电阻的范围相吻合。

　　测量 500 V 以下的电气设备时，可选用额定电压为 500 V 或 1 kV 的兆欧表；测量高压电气设备时，须选用额定电压为 2.5 kV 或 5 kV 的兆欧表。不能用额定电压低的兆欧表测量高压电气设备，否则测量结果不能反映工作电压下的绝缘电阻；但也不能用额定电压过高的兆欧表测量低压设备，否则会产生电压击穿而损坏设备。

　　三、使用前的准备

　　1. 测量前须先校表，将兆欧表平稳放置，先使 L、E 两端开路，摇动手柄使发电机达到额定转速，这时表头指针应指在"∞"刻度处。然后将 L、E 两端短路，缓慢摇动手柄，指针应指在"0"刻度上。若指示不对，说明该兆欧表不能使用，应进行检修。

　　2. 用兆欧表测量线路或设备的绝缘电阻必须在不带电的情况下进行，绝不允许带电测量。测量前应先断开被测线路或设备的电源，并对被测设备进行充分放电，清除残存静电荷，以免危及人身安全或损坏仪表。

　　四、兆欧表的使用

　　兆欧表有三个接线柱，分别标有 L（线路）、E（接地）和 G（屏蔽），测量时将被测绝缘电阻接在 L、E 两个接线柱之间。测量电力线路的绝缘电阻时，将 E 接线柱可靠接地，L 接被测线路；测量电动机、电气设备的绝缘电阻时，将 E 接线柱接设备外壳，L 接电动机绕组或设备内部电路；测量电缆芯线与外壳间的绝缘电阻时，将 E 接线柱接电缆外壳，L 接被测芯线，G 接电缆壳与芯线之间的绝缘层上，如图 2—6 所示。

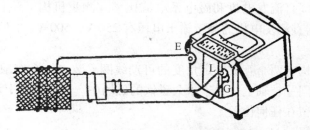

图 2—6　测电缆绝缘电阻的接线方法

接好线后，按顺时针方向摇动手柄，速度由慢到快，并稳定在 120 r/min，约 1 min 后从表盘读取数值。

不论对地绝缘还是相间绝缘，合格值的要求如下：对于新电动机，绝缘电阻应不小于 1 MΩ；对于运行过的电动机，绝缘电阻应不小于 0.5 MΩ。

五、使用注意事项

1. 兆欧表测量用的接线要选用绝缘良好的单股导线，测量时两条线不能绞在一起，以免导线间的绝缘电阻影响测量结果。

2. 测量完毕，在兆欧表没有停止转动或被测设备没有放电之前，不可用手触及被测部位，也不可去拆除连接导线，以免发生触电事故。

练 习 题

一、填空题

1. 兆欧表使用前需要做两个实验，分别是_____和_____。

2. 测量新电动机使用_____的兆欧表；测量运行过的电动机使用_____的兆欧表。

二、判断题

1. 用兆欧表测量前要切断被测设备的电源，并进行放电。   (   )

2. 用兆欧表测量时，摇动手柄应由慢渐快，若发现指针指零，说明被测绝缘物可能发生了短路。   (   )

3. 新电动机的绝缘电阻应不小于 0.5 MΩ。   (   )

模块四 接地电阻测试仪

学习目标

1. 了解接地电阻测试仪的测量原理。

2. 学会接地电阻测试仪的使用方法。

3. 掌握电气设备接地电阻的测量技能。

电气设备的任何部分与接地体之间的连接称为接地，与土壤直接接触的金属导体称为接地体或接地电极。

电气设备运行时，为了防止设备漏电危及人身安全，要求将设备的金属外壳、框架进行接地。另外，为了防止大气雷电袭击，在高大建筑物或高压输电铁架上都装有避雷装置。避雷装置也需要可靠接地。

一、接地电阻测试仪的结构

接地电阻测试仪又称接地摇表，是测量和检查接地电阻的专用仪器。主要由手摇交流发电机、电流互感器、检流计和测量电路等组成。接地电阻测试仪的外形结构及接线图如图 2—7 所示。

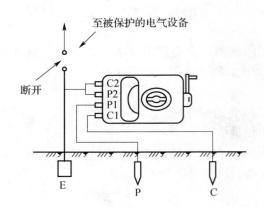

图 2—7　接地电阻测试仪的外形结构及接线图

二、选表及测量前的检测

1. 选择接地电阻测试仪时，应选用精度及测量范围相符的。

2. 进行外观检查，表壳应完好无损；接线端子应齐全、完好；检流计指针应能自由摆动；附件应齐全、完好（有 5 m、20 m、40 m 线各一条和两个接地钎子）。

3. 将测试仪放平，检流计指针应与基线对准，否则应调准。

4. 测量前须先校表，将表的四个接线端（C1、P1、P2、C2）短接；测试仪放平稳，倍率挡置于将要使用的一挡；调整标度盘，使"0"对准下面的基准线；摇动摇把到 120 r/min，检流计指针应不动。

三、接地电阻测试仪的使用

下面以常用的 ZC—8 型接地电阻测试仪为例说明其使用方法。

1. 连接接地电极和辅助探针，先拆开接地干线与接地体的连接点，把电位辅助探针和电流辅助探针分别插在距接地体 20 m、40 m 处的地下，两个辅助探针均垂直插入地面下 400 mm 深，然后用测量导线将它们分别接在 P1、C1 接线柱上，把接地电极与 C2 接线柱（相当于图 2—7 中的 E 点）连接。

2. 选择量程并调节测量标度盘，当检流计的指针接近于平衡时（指针近于中心线）加快摇动摇把，使其转速达到 120 r/min 以上，同时调整测量标度盘，使指针指向中心线。若测量标度盘的读数过小（小于 1）不易读准确时，说明倍率标度倍数过大。此时应将倍率标度置于较小的倍数，重新调整测量标度盘，使指针指向中心线并读出准确的读数。

3. 读取接地电阻数值，当检流计指针完全指零后即可读数，接地电阻值＝测量标度盘读数×量程值。

四、使用注意事项

1. 应正确选表并做充分的检查。

2. 将被测接地装置退出运行（先切断与之有关的电源，拆开与接地线的连接螺栓）。

3. 在测量的 40 m 一线的上方不应有与之相平行的强电力线路，下方不应有与之平行的地下金属管线。

4. 雷雨天气不得测量防雷接地装置的接地电阻。

练 习 题

一、填空题

1. 接地电阻测试仪主要由_____、_____、_____和_____等组成。

2. 交流工作接地，其接地电阻应不大于_____。

3. 防雷保护地的接地电阻应不大于_____。

二、判断题

1. 禁止在有雷电的天气测量接地电阻。 （　　　）

2. 被保护的电气设备的接地端可以不断开进行测试。 （　　　）

第三单元　电气识图基础

模块一　电气制图的一般规则

学习目标

1. 了解电气制图的相关知识。
2. 了解电气图的基本表示方法。

一、电气图的概念和分类

电气图是指用各种电气符号、带注释的围框、简化的外形表示电气系统、装置和设备各组成部分的相互关系及其连接关系，用以说明其功能、用途、工作原理、安装和使用信息的一种图。

一般而言，电气图按表达的内容分为四大类，即表示功能信息的图、表示位置信息的图、表示接线信息的图、项目表及其他文字说明。

根据表达方式和使用场合不同，电气图通常分为电气系统图或框图、电路图、接线图或接线表、电气平面图、设备布置图等。

对于具体工程来说，为说明配电关系时需要有配电系统图；为说明电气设备、器件的具体安装位置时需要有平面布置图；为说明设备工作原理时需要有控制原理图；为表示元件连接关系时需要有安装接线图；为说明设备、材料的特性、参数时需要有设备材料表等。这些图样各自的用途不同，但相互之间是有联系并协调一致的。在识读时应根据需要，将各图样结合起来识读，以达到对整个工程或分部项目全面了解的目的。

二、电气图的特点

1. 简图是电气图的主要表达方式。绝大多数电气图都采用简图形式。
2. 元件和连接线是电气图的主要表达内容。
3. 图形符号、文字符号（或项目代号）是电气图的主要组成要素。
4. 功能布局法和位置布局法是电气图的两种基本布局方法。

（1）功能布局法

功能布局法是指布置简图中元件符号时，只考虑便于看出它们所表示的元件功能关系，而不考虑实际位置的一种布局方法。在此布局中，将表示对象划分为若干功能组，按照因果关系从左到右或从上到下布置；每个功能组的元件应集中布置在一起，并尽可能按工作顺序排列。大部分电气图为功能图。

（2）位置布局法

位置布局法是指简图中元件符号的布置对应于该元件实际位置的布局方法。采用这种布局法可以看出元件的相对位置和导线的走向。

三、电气图的通用表示方法

1. 用于电路的表示方法

（1）多线表示法

多线表示法是指实际电路中出现的每一根连接线或导线在图中均有表示，如图3—1a所示。

（2）单线表示法

单线表示法是指用一条图线表示两根或两根以上的连接线或导线，且在图线上注明实际导线或连接线的根数，如图3—1b所示。

图3—1 导线的表示方法
a）多线表示法 b）单线表示法

2. 用于元件的表示方法

（1）集中表示法

集中表示法是指把一个元件各组成部分的图形符号在简图上绘制在一起，元件各组成部分以实线相互连接，如图3—2a所示。

（2）半集中表示法

半集中表示法是指把一个元件某些组成部分的图形符号在简图上分开布置，彼此之间的关系用虚线表示，如图3—2b所示。

（3）分开表示法

分开表示法是指把一个元件各组成部分的图形符号在简图上分开布置，它们之间的关系用项目代号表示，如图3—2c所示。

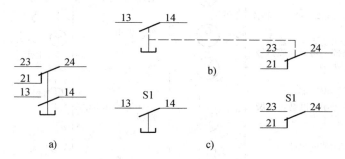

图3—2 按钮的三种表示法
a）集中表示法 b）半集中表示法 c）分开表示法

练 习 题

填空题

1. 电气图的主要组成要素包括_____和_____。

2. 电气图用于电路的表示方法有_____和_____。

3. 电气图用于元件的表示方法有_____、_____和_____。

4. _____和_____是电气图的两种基本布局方法。

模块二 常用图形符号和文字符号

学习目标
1. 掌握电气图常用图形符号。
2. 掌握电气图常用文字符号。

一、电气图常用图形符号

电气图用图形符号是指用于电气图中的元器件或设备的图形标记，是构成电气图的基本单元，是看懂电气图的基础。

图形符号通常有符号要素、一般符号、限定符号和方框符号四种基本形式。在电气图中，最常用的是一般符号和限定符号。如图3—3所示为电气图常用图形符号。

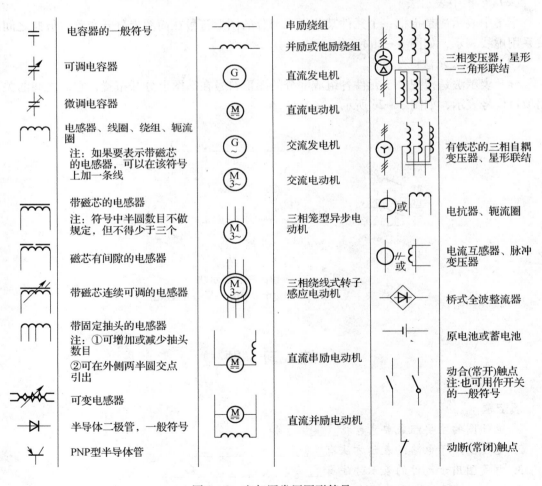

图3—3 电气图常用图形符号

二、电气图常用文字符号

在电气图中，除用图形符号来表示各种设备、元件外，还在图形符号旁标注相应的文字符号，以区分不同的设备、元件以及同类设备或元件中不同功能的设备或元件。文字符号是以文字形式作为代码或代号，表明项目种类和线路特征、功能、状态或概念的。

电气图常用文字符号分为基本文字符号和辅助文字符号。

1. 基本文字符号

基本文字符号中的单字母符号按拉丁字母将电气设备、装置和元件划分为 23 大类，每大类用一个专用单字母符号表示。如"C"表示电容器类等。表 3—1 所列为基本文字符号。

表 3—1 基本文字符号

文字符号	说明	文字符号	说明	文字符号	说明
A	组件、部件	QS	隔离开关	SB	按钮开关
AB	电桥	R	电阻器	T	变压器
AD	晶体管反放大器	RP	电位器	TA	电流互感器
AJ	集成电路放大器	RS	测量分路表	TM	电力变压器
AP	印制电路板	RT	热敏电阻器	TV	电压互感器
B	非电量与电量互换器	RV	压敏电阻器	V	电子管、晶体管
C	电容器	SA	控制开关、选择开关	W	导线
D	数字集成电路和器件	F	保护器件	X	端子、插头、插座
EL	照明灯	FU	熔断器	XB	连接片
L	电感器、电抗器	FV	限压保护器件	XJ	测试插孔
M	电动机	G	发电机	XP	插头
N	模拟元件	GB	蓄电池	XS	插座
PA	电流表	HL	指示灯	XT	接线端子板
PJ	电能表	KA	交流继电器	YA	电磁铁
PV	电压表	KD	直流继电器		
QF	断路器	KM	接触器		

2. 辅助文字符号

辅助文字符号用以表示电气设备、装置和元器件以及线路的功能、状态和特征。如"SYN"表示同步，"RD"表示红色等。辅助文字符号也可以放在表示种类的单字母符号后边组成双字母符号，如"SP"表示压力传感器，"MS"表示同步电动机等。辅助文字符号也可以单独使用，如"ON"表示接通，"PE"表示保护接地等。表 3—2 所列为辅助文字符号。

表 3—2　　　　　　　　　　　　　　辅助文字符号

文字符号	说明	文字符号	说明	文字符号	说明
A	电流	H	高	R	反
AC	交流	IN	输入	R/RST	复位
A/AUT	自动	L	低	RUT	运转
ACC	加速	M	主、中	S	信号
ADJ	可调	M/MAN	手动	ST	启动
B/BRK	制动	N	中性线	S/SET	置位、定位
C	控制	OFF	断开	STP	停止
D	数字	ON	接通、闭合	T	时间、温度
DC	直流	OUT	输出	TE	无噪声接地
E	接地	PE	保护接地	V	电压

练 习 题

填空题

1. 电气图基本文字符号中，R 表示_____，C 表示_____，L 表示_____，FU 表示_____，QF 表示_____。

2. 电气图辅助文字符号中，AC 表示_____，DC 表示_____，IN 表示_____，OUT 表示_____。

模块三　识读电气图

学习目标

1. 掌握电气图的基本分析方法。

2. 能够分析常见电气图。

一、电气图的基本分析方法

1. 必须熟悉图中各电气元件的图形符号和文字符号的作用。

2. 阅读主电路。应该了解主电路有哪些用电设备，以及这些设备的用途和工作特点。并根据工艺过程了解各用电设备之间的相互联系、采用的保护方式等。在完全了解主电路的这些工作特点后，就可以根据这些特点再去阅读控制电路。

3. 阅读控制电路。控制电路由各种电器组成，主要用来控制主电路工作。在阅读控制电路时，一般先根据主电路接触器主触点的文字符号到控制电路中去找与之相应的驱动线圈，进一步弄清楚电动机的控制方式。这样可将整个电气原理图划分为若干部分，每一部分控制一个功能。另外，控制电路按照控制功能的要求，按动作的先后顺序，自上而下、从左到右、并联排列。因此，读图时也当自上而下、从左到右，一个环节、一个环节地进行分析，分析各环节之间的联系。

4. 对于机、电、液配合得比较紧密的生产机械，必须进一步了解有关机械传动和液压传动的情况，有时还要借助于工作循环图和动作顺序表，配合电器动作来分析电路中的各种联锁关系，以便掌握其全部控制过程。

5. 阅读照明、信号指示、监测、保护等各辅助电路环节。

对于比较复杂的控制电路，可按照先简后繁、先易后难的原则，逐步解决。因为无论怎样复杂的控制线路，总是由许多简单的基本环节所组成的。阅读时可将它们分解开来，先逐个分析各个基本环节，然后再综合起来全面加以理解。

二、电气图的分析过程

下面举例说明图 3—4 所示电动机单方向连续运行电路的分析过程。

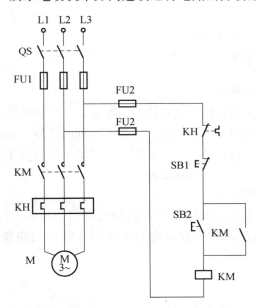

图 3—4　电动机单方向连续运行电路

对整个电气电路的分析，应建立在认识电气图中图形符号和文字符号的含义及其在线路中作用的基础上。

左侧含有电动机的部分为主电路，采用三相 380 V 交流电源，由刀开关 QS 引入，用熔断器 FU1 实现短路保护，热继电器 KH 实现过载保护，电动机由接触器 KM 控制。

右侧为控制电路，供电电压为 380 V，由熔断器 FU2 实现短路保护，启动按钮 SB2、停止按钮 SB1 作为电动机的控制按钮，接触器 KM 的线圈兼有欠压保护功能。

具体分析电路的工作过程：首先合上刀开关 QS，电路通入三相交流电，按下启动按钮 SB2，KM 线圈得电，主触点闭合，电动机启动运行；同时，辅助触点闭合，实现自锁功能，电动机连续运行。需要停止时，按下停止按钮 SB1，KM 线圈失电，主、辅触点断开，电动机停转。

电气图的分析原则应按照化整为零、先主后辅、自上而下、自左而右的顺序逐一检查。

练 习 题

填空题

1. 电气图中，熔断器 FU 具有＿＿＿＿＿作用，热继电器 KH 具有＿＿＿＿＿作用。

2. 电气图的分析原则应按照＿＿＿＿＿、＿＿＿＿＿、＿＿＿＿＿、＿＿＿＿＿的顺序进行。

模块四　建筑电气工程图

学习目标

1. 了解建筑电气工程图的相关知识。

2. 熟悉建筑电气工程图的种类和特点。

一、建筑电气工程图的概念

建筑电气工程图是指阐述建筑电气系统的工作原理，描述建筑产品的构成功能，用来指导各种电气设备、电气线路的安装、运行、维护和管理的图样。它是沟通电气设计人员、安装人员、操作人员的工程语言，是进行技术交流不可缺少的重要手段。建筑电气工程图必须按照国家制定和颁布的电气制图标准来绘制。

二、建筑电气工程图的种类

建筑电气工程图可以表明建筑电气工程的构成规模和功能。根据建筑的规模和要求不同，建筑电气工程图的种类和图样数量也有所不同，常用的建筑电气工程图主要有以下几类：

1. 说明性文件

（1）图样目录。

（2）设计说明（施工说明）。主要阐述电气工程的依据、工程的要求和施工原则、建筑特点、安装标准、安装方法、工程等级、工艺要求及有关设计的补充说明等。

（3）图例。

（4）设备材料明细表。

2. 系统图

系统图是指用符号或带注释的框，概略表示系统或分系统的基本组成、相互关系及其主要特征的一种简图。它是表现电气工程的供电方式、电力输送、分配、控制和设备运行情况的图样，又称主接线图。图3—5所示为某用户照明配电系统图。

A栋2单元3层楼的电度表箱（照明配电箱）共有两户，每户设备按 8 kW、电流按 36 A 计。

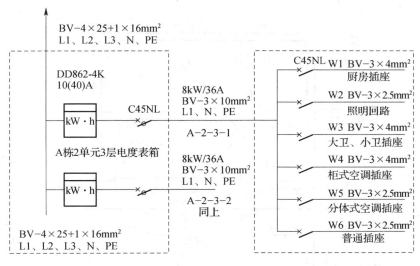

图3—5 某用户照明配电系统图

电度表箱的进线为三相五线，其中的 L1 相与电度表连接，电度表的型号为 DD862-4K、10（40）A（额定电流为 10 A，最大电流为 40 A），经过 1 个 40 A 的型号为 C45NL 的漏电保护断路器（自动开关），再通过 3 根（火线 L1、零线 N 和接地保护线 PE）10 mm² 的 BV 型号导线进入户内。

户内也有一个配电箱，又分成 6 个回路经自动开关向用户的电气设备配电，而 L1、L2、L3 继续向 4 层以上配线，零线 N 和接地保护线 PE 是共用的。

3. 电路图

电路图是指用图形符号并按工作顺序排列，详细表示电路、设备或成套装置的基本组成和连接关系，而不考虑其实际位置的一种简图。

其用途是详细理解电路、设备或成套装置及其组成部分的作用原理；为测试和寻找故障提供信息；作为编制接线图的依据。

4. 电气平面图

电气平面图是表示电气设备、装置与线路平面布置的图样。在图上绘制出电气设备、装置的安装位置并标注线路敷设方法等。常用的电气平面图有变配电所平面图、动力平面图、照明平面图、接地平面图、弱电平面图等。如图3—6所示为某建筑局部房间照明平面图。

5. 接线图

安装接线图在现场常被称为安装配线图，主要用来表示电气设备、电气元件和线路的安装位置、配线方式、接线方式、配线场所特征等，一般与系统图、电路图和平面图等配套使用。

三、建筑电气工程图的特点

1. 建筑电气工程图大多是采用统一的图形符号并加注文字符号绘制出来的，属于简图之列。

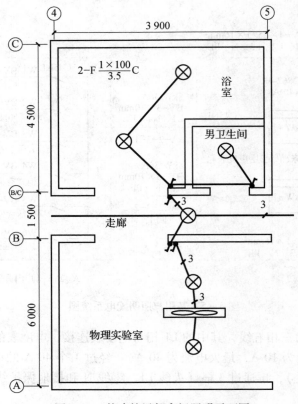

图 3—6 某建筑局部房间照明平面图

2. 图中的任何电路都必须构成闭合回路。

3. 电路中的电气设备、元件等彼此之间都是通过导线将其连接起来构成一个整体的。

4. 建筑电气施工是与主体工程和其他安装工程相互配合的，故建筑电气施工图不能与其他施工图发生冲突。

练 习 题

填空题

1. 建筑电气工程图是指阐述建筑电气系统的工作原理，描述建筑产品的构成功能，用来_____的图样。

2. 在建筑电气工程图中，表示电气设备、装置与线路平面布置的图样是_____。

第四单元 电动机及其控制

模块一 电动机及其常用电气元件

学习目标

1. 了解电动机的种类及其功能。
2. 掌握常用低压电器的原理及其功能。

一、电动机的分类

电动机俗称"马达"，是指依据电磁感应定律实现电能转换或传递的一种电磁装置，在电路中用字母 M（旧标准用 D）表示。它的主要作用是产生驱动转矩，作为用电器或各种机械的动力源。发电机在电路中用字母 G 表示。它的主要作用是利用机械能转化为电能，目前最常用的是利用热能、水能等推动发电机转子来发电。

1. 按工作电源种类划分

电动机可分为直流电动机和交流电动机。

（1）直流电动机按结构及工作原理不同，可划分为无刷直流电动机和有刷直流电动机。有刷直流电动机分为永磁直流电动机和电磁直流电动机。

永磁直流电动机分为稀土永磁直流电动机、铁氧体永磁直流电动机和铝镍钴永磁直流电动机。

电磁直流电动机分为串励直流电动机、并励直流电动机、他励直流电动机和复励直流电动机。

（2）交流电动机分为单相电动机和三相电动机。

2. 按结构和工作原理划分

电动机可分为直流电动机、异步电动机、同步电动机。

（1）同步电动机可分为永磁同步电动机、磁阻同步电动机和磁滞同步电动机。同步电动机转子的转速与负载大小无关而始终保持为同步转速。

（2）异步电动机可分为感应电动机和交流换向器电动机。异步电动机转子的转速总是略低于旋转磁场的同步转速。

感应电动机可分为三相异步电动机、单相异步电动机和罩极异步电动机等。

交流换向器电动机可分为单相串励电动机、交直流两用电动机和推斥电动机。

3. 按启动与运行方式划分

电动机可分为电容启动式单相异步电动机、电容运转式单相异步电动机、电容启动运转式单相异步电动机和分相式单相异步电动机。

4. 按用途划分

电动机可分为驱动用电动机和控制用电动机。

（1）驱动用电动机可分为电动工具（包括钻孔、抛光、磨光、开槽、切割、扩孔等工具）用电动机、家电（包括洗衣机、电风扇、电冰箱、空调器、录音机、录像机、影碟机、吸尘器、照相机、电吹风、电动剃须刀等）用电动机及其他通用小型机械设备（包括各种小型机床、小型机械、医疗器械、电子仪器等）用电动机。

（2）控制用电动机分为步进电动机和伺服电动机等。

5. 按转子的结构划分

电动机可分为笼型感应电动机（旧标准称为鼠笼型异步电动机）和绕线转子感应电动机（旧标准称为绕线型异步电动机）。

6. 按运转速度划分

电动机可分为高速电动机、低速电动机、恒速电动机、调速电动机。

低速电动机分为齿轮减速电动机、电磁减速电动机、力矩电动机和爪极同步电动机等。

调速电动机除可分为有级恒速电动机、无级恒速电动机、有级变速电动机和无级变速电动机外，还可分为电磁调速电动机、直流调速电动机、PWM 变频调速电动机和开关磁阻调速电动机。

二、常用电器的分类

电器就是接通、断开电路或调节、控制和保护电路与设备的电工器具和装置。电器的用途广泛，功能多样，构造各异，种类繁多。

1. 按工作电压等级分类

电器分为低压电器和高压电器。低压电器是指工作于交流 50 Hz 或 60 Hz，额定电压在 1 200 V 以下或直流额定电压在 1 500 V 以下电路中的电器；高压电器是指工作于交流额定电压 1 200 V 或直流额定电压 1 500 V 以上电路中的电器。

2. 按动作原理分类

电器分为手动电器和自动电器。手动电器是指需要人工直接操作才能完成指令任务的电器；自动电器是指不需要人工操作，而是按照电信号或非电信号自动完成指令任务的电器。

3. 按用途分类

电器分为控制电器、主令电器、保护电器、配电电器、执行电器。控制电器是指用于各种控制电路和控制系统的电器；主令电器是指用于自动控制系统中发送控制指令的电器；保护电器是指用于保护电路及用电设备的电器；配电电器是指用于电能的输送和分配的电器；执行电器是指用于完成某种动作或传动功能的电器。

4. 按工作原理分类

电器分为电磁式电器和非电量控制电器。电磁式电器是指依据电磁感应原理来工作的电器；非电量控制电器是指依靠外力或某种非电物理量的变化而动作的电器。

三、常用低压电器的介绍

本模块主要介绍几种常用低压电器，并通过对它们的结构、工作原理、型号、有关技术数据、图形符号和文字符号等内容的学习，为以后正确选择、合理使用低压电器打下基础。

1. 刀开关

（1）刀开关的作用及分类

刀开关又称闸刀开关或隔离开关，它是手动电器中最简单而使用又较广泛的一种低压电器。刀开关在电路中的作用是：隔离电源，以确保电路和设备维修的安全；分断负载，例如，不频繁地接通和分断容量不大的低压电路或直接启动小容量电动机。刀开关有有载运行操作、无载运行操作、选择性运行操作之分；又有正面操作、侧面操作、背面操作几种；还有不带灭弧装置和带灭弧装置之分。刀口接触有面接触和线接触两种，采用线接触形式时，刀片容易插入，接触电阻小，制造方便。开关常采用弹簧片以保证接触良好。

（2）刀开关的结构及符号

常用的 HD 系列和 HS 系列刀开关的外形如图 4—1 所示。刀开关的图形符号及文字符号如图 4—2 所示。

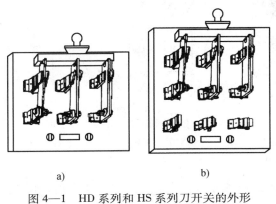

a)　　　　　　　　　　　　b)

图 4—1　HD 系列和 HS 系列刀开关的外形

a）HD 系列　b）HS 系列

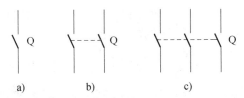

a)　　　　　b)　　　　　c)

图 4—2　刀开关的图形符号及文字符号

a）单极　b）双极　c）三极

刀开关的主要类型有大电流刀开关、负荷开关、熔断器式刀开关。常用的产品有 HD11～HD14 和 HS11～HS13 系列刀开关。

2. 低压断路器

（1）低压断路器的功能

低压断路器集控制和多种保护功能于一体，在线路工作正常时，它作为电源开关接通和分断电路；当电路中发生短路、过载和失压等故障时，它能自动跳闸切断故障电路，从而保护线路和电气设备。

（2）低压断路器的结构原理及符号

低压断路器的结构原理及符号如图 4—3 所示。

低压断路器的工作原理是：主触点 2 串联在被控制的电路中，将操作手柄扳到合闸位置时，搭扣 4 勾住锁链 3，主触点 2 闭合，电路接通。由于触点的连杆被锁链 3 锁住，使触点保持闭合状态，同时主弹簧被拉长，为分断做准备。电磁脱扣器（瞬时过电流脱扣器）6 的线圈串联于主电路中，当电流为正常值时，衔铁吸力不够，处于打开位置。当电路电流超过

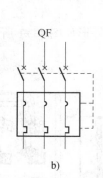
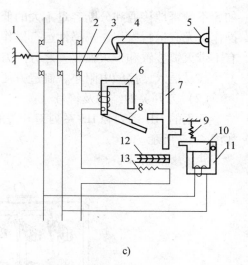

图4—3 低压断路器的结构原理及符号

1—主弹簧 2—主触点 3—锁链 4—搭扣 5—轴 6—电磁脱扣器 7—杠杆 8—电磁脱扣器衔铁
9—弹簧 10—欠压脱扣器衔铁 11—欠压脱扣器 12—双金属片 13—热元件

规定值时，电磁吸力增大，衔铁8吸合，通过杠杆7使搭扣4脱开，主触点在主弹簧1的作用下切断电路，这就是瞬时过电流或短路保护作用。当电路失压或电压过低时，欠压脱扣器11的衔铁10释放，同样由杠杆7使搭扣4脱开，起到欠压和失压保护作用。当电源恢复正常时，必须重新合闸后才能工作。长时间过载使得流过脱扣器的双金属片（热脱扣）12弯曲，同样由杠杆7使搭扣4脱开，起到过载（过流）保护作用。

3. 按钮

（1）按钮的作用

按钮的作用是发出操作信号，接通和断开控制电路，控制机械与电气设备的运行。

（2）按钮的结构原理及符号

按下按钮时，连杆带动动触点（复位弹簧与连杆相连的接点）6动作，使常闭接点（又称动断触点）1、2断开，常开接点3、4（又称动合触点）闭合，按钮的结构和实物图如图4—4所示，按钮的符号如图4—5所示。

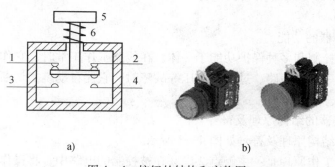

图4—4 按钮的结构和实物图
a）结构 b）实物图
1、2—常闭接点 3、4—常开接点 5—按钮帽 6—动触点

4. 接触器

（1）接触器的功能及分类

接触器是用来接通和断开交、直流电动机或大容量控制电路，可以频繁通断，而且性能稳定，经常用于电动机作为控制对象，也可用作控制企业设备、电热器和各种电力机组等电力负载，并作为远距离控制的装置。接触器分为交流接触器和直流接触器。

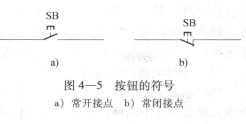

图4—5　按钮的符号
a）常开接点　b）常闭接点

（2）接触器的结构原理及符号

接触器主要由铁芯、线圈和衔铁三部分组成，其原理图及外形如图4—6所示。

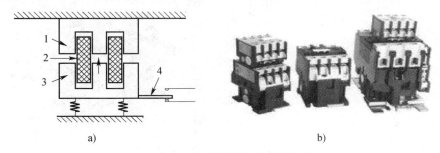

图4—6　接触器的原理图及外形
a）结构　b）外形
1—静铁芯　2—线圈　3—动铁芯　4—衔铁

接触器的工作原理是：当接触器线圈通电后，线圈电流会产生磁场，产生的磁场使静铁芯产生电磁吸力吸引动铁芯，并带动交流接触器触点动作，常闭触点断开，常开触点闭合，两者是联动的。当线圈断电时，电磁吸力消失，衔铁在释放弹簧的作用下释放，使触点复原，常开触点断开，常闭触点闭合。

（3）接触器的图形符号和文字符号如图4—7所示。

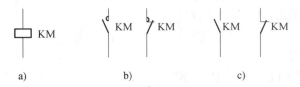

图4—7　接触器的图形符号和文字符号
a）线圈　b）主触点　c）辅助触点

（4）型号说明

我国生产的交流接触器常用的有 CJ10、CJ12、CJX1、CJ20 等系列及其派生系列产品，CJ10 系列及其改型产品已逐步被 CJ20、CJX 系列产品取代。上述系列产品一般具有三对常开主触点，常开、常闭辅助触点各两对。直流接触器常用的有 CZ0 系列，分为单极和双极两大类，常开、常闭辅助触点各不超过两对。

5. 热继电器

（1）热继电器的功能

热继电器主要用于电力拖动系统中电动机负载的过载保护。电动机在实际运行中常会遇到过载情况，但只要过载不严重，时间短，绕组不超过允许的温升，这种过载是允许的。但如果过载情况严重，时间长，则会加速电动机绝缘的老化，缩短电动机的使用年限，甚至烧毁电动机，因此必须对电动机进行过载保护。

（2）热继电器的结构及工作原理

热继电器主要由热元件、双金属片和触点组成，如图 4—8 所示。热元件由发热电阻丝做成。双金属片由两种热膨胀系数不同的金属碾压而成，当双金属片受热时会出现弯曲变形。使用时，把热元件串接于电动机的主电路中，而常闭触点串接于电动机的控制电路中。

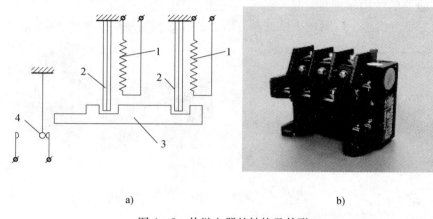

a)   b)

图 4—8　热继电器的结构及外形

a）结构　b）外形

1—热元件　2—双金属片　3—导板　4—触点

当电动机正常运行时，热元件产生的热量虽能使双金属片弯曲，但还不足以使热继电器的触点动作。当电动机过载时，双金属片弯曲位移增大，推动导板使常闭触点断开，从而切断电动机控制电路以起到保护作用。热继电器动作后一般不能自动复位，要等双金属片冷却后按下复位按钮复位。热继电器动作电流的调节可以借助旋转凸轮于不同位置来实现。

（3）热继电器的图形符号及文字符号如图 4—9 所示。

6. 熔断器

（1）熔断器的作用

熔断器是一种简单而有效的保护电器，在电路中主要起短路保护作用。

（2）熔断器的组成

熔断器主要由熔体和安装熔体的绝缘管（绝缘座）组成。使用时，熔体串接于被保护的电路中，当电路发生短路故障时，熔体被瞬时熔断而分断电路，起到保护作用。

图 4—9　热继电器的图形符号
及文字符号

a）热元件　b）常闭触点

（3）常用熔断器

1）插入式熔断器。它常用于 380 V 及以下电压等级的线路末端，用作配电支线或电气设备的短路保护，如图 4—10 所示。

2）螺旋式熔断器。熔体的上端盖有一熔断指示器，一旦熔体熔断，指示器马上弹出，可透过瓷帽上的玻璃孔观察到，它常用于机床电气控制设备中。螺旋式熔断器分断电流较大，可用于电压等级 500 V 及以下、电流等级 200 A 以下的电路中进行短路保护，如图4—11 所示。

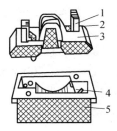

图 4—10　插入式熔断器
1—动触点　2—熔体　3—瓷插件
4—静触点　5—瓷座

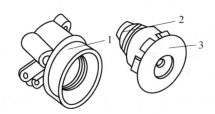

图 4—11　螺旋式熔断器
1—底座　2—熔体　3—瓷帽

3）封闭式熔断器。封闭式熔断器分为无填料熔断器和有填料熔断器两种，如图 4—12和图 4—13 所示。无填料密闭管式熔断器将熔体装入密闭式圆筒中，分断能力稍小，用于500 V 以下、600 A 以下电力网或配电设备中。有填料熔断器一般用方形瓷管，内装石英砂及熔体，分断能力强，用于电压等级 500 V 以下、电流等级 1 kA 以下的电路中。

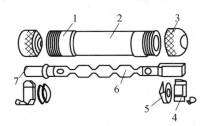

图 4—12　无填料密闭管式熔断器
1—铜圈　2—熔断管　3—管帽　4—插座
5—特殊垫圈　6—熔体　7—熔片

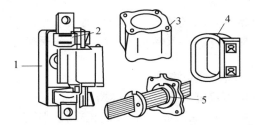

图 4—13　有填料封闭管式熔断器
1—瓷底座　2—弹簧片　3—管体
4—绝缘手柄　5—熔体

4）熔断器的图形符号和文字符号如图 4—14 所示。

　FU

图 4—14　熔断器的图形符号和文字符号

练 习 题

一、填空题

1. 电动机按工作电源种类划分可分为_____和_____；按用途可分为_____和_____。

2. 低压电器是指工作于交流_____ Hz 或_____ Hz，额定电压在_____ V 以下或直流额定电压在_____V以下电路中的电器；高压电器是指工作于交流额定电压_____V或直流额定电压_____V以上电路中的电器。

3. 热继电器在电路中起_____保护作用，熔断器在电路中起_____保护作用。

二、判断题

1. 按工作电源种类划分，电动机可分为直流电动机和交流电动机。 （　　）
2. 低压电器是指工作于额定电压 1 000 V 以下或直流额定电压 1 200 V 以下电路中的电器。 （　　）
3. 交流电动机分为单相电动机和三相电动机。 （　　）
4. 控制电器是用于保护各种电路和系统的电器。 （　　）
5. 熔断器是一种简单而有效的保护电器，在电路中主要起过载保护作用。 （　　）
6. 热继电器主要用于电力拖动系统中电动机负载的短路保护。 （　　）

模块二　三相异步电动机的启动控制

学习目标

1. 掌握带过载保护的正转控制线路的工作原理。
2. 掌握点动与长动控制线路的工作原理。

一、正转控制线路

1. 具有自锁的正转控制线路

图 4—15 所示为具有自锁的正转控制线路原理图和装配图，当按下按钮 SB1 后，电动机运转；松开按钮 SB1 后，为使电动机仍能连续运转，则需要把接触器 KM 的动合辅助触点并联在按钮 SB1 的两端，同时，在控制电路再串联一个停止按钮 SB2，控制电动机的停转。工作原理如下：

（1）合上电源开关 QF。

（2）启动：按下 SB1→KM 线圈得电 $\left[\begin{array}{l}\rightarrow\text{KM 的辅助常开触点闭合}\rightarrow\text{自锁}\\ \rightarrow\text{KM 的主触点闭合}\rightarrow\text{电动机 M 启动运转}\end{array}\right.$

（3）停止：按下 SB2→KM 线圈失电 $\left[\begin{array}{l}\rightarrow\text{KM 的辅助常开触点断开}\rightarrow\text{KM 线圈失电}\\ \rightarrow\text{KM 的主触点断开}\rightarrow\text{电动机 M 停转}\end{array}\right.$

具有自锁的正转控制线路的另一个重要特点是它具有欠电压与失电压或零电压保护的功能。

2. 具有过载保护的正转控制线路

上述线路具有短路、欠电压和失电压保护，但这样还不够，因为电动机在运转过程中，如存在长期负载过大、操作频繁、断相运行等情况，都可能使电动机的电流超过它的额定值。而在这种情况下熔断器往往并不会熔断，这将引起绕组过热，若温度超过允许温升就会使绝缘损坏，影响电动机的使用寿命，严重的甚至烧坏电动机，因此，对电动机必须采取过载保护。一般采用热继电器作为过载保护元件，具有过载保护的正转控制线路原理图和装配图如图 4—16 所示。

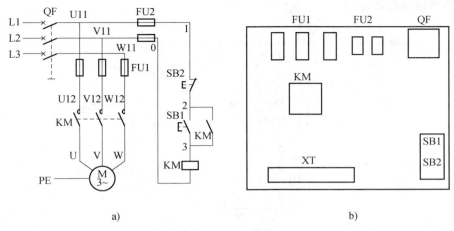

图4—15 具有自锁的正转控制线路原理图和装配图
a）原理图 b）装配图

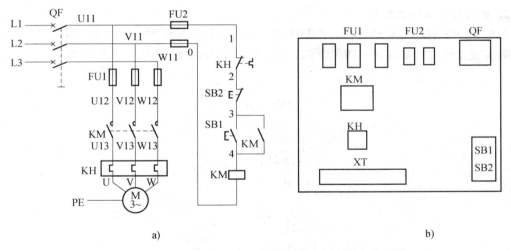

图4—16 具有过载保护的正转控制线路原理图和装配图
a）原理图 b）装配图

图中 KH 为热继电器，它的热元件串接在电动机的主电路中，动断触点则串联在控制电路中。

如果电动机在运行过程中，由于过载或其他原因使负载电流超过额定值时，经过一定时间，串接在主电路中热继电器的双金属片因受热弯曲，使串接在控制电路中的动断触点分断，从而切断控制电路，接触器 KM 的线圈失电，主触点断开，电动机 M 停转，达到了过载保护的目的。

二、点动与长动控制线路

1. 手动开关控制

如图4—17所示为电动机连续、点动控制线路，它是在具有过载保护的接触器自锁正转控制线路的基础上，把手动开关 SA 串接在自锁电路中。当把 SA 闭合或打开时，就可以实现电动机的连续或点动控制。

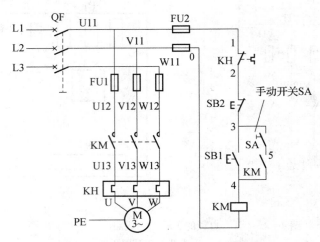

图4—17 电动机连续、点动控制线路

2. 点动与长动控制线路

如图4—18所示为点动与长动控制线路，它是在启动按钮SB1的两端并接一个复合按钮SB3来实现点动与长动混合正转控制的，SB3的常闭触点应与KM自锁触点串接。

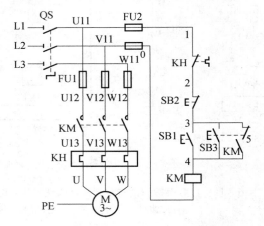

图4—18 点动与长动控制线路

工作原理如下：

（1）先合上电源开关QS。

（2）点动：按下按钮SB3，其动断触点先断开自锁电路，动合触点使接触器KM线圈得电，主触点闭合，电动机M运转。松开按钮SB3，其动合触点先断开，使接触器KM线圈失电，主触点断开，电动机M停转。然后动断触点闭合，这时接触器KM的自锁辅助触点已断开。

（3）长动：按下按钮SB1，接触器KM吸合并自锁，电动机M运转；松开按钮SB1，电动机M仍继续运转；SB1为停止按钮。

练 习 题

1. 绘制带过载保护的电动机正转控制线路原理图，并回答其工作原理。

工作原理如下：

(1) 合上电源开关_____。

(2) 按下启动按钮____→KM 线圈得电

→KM 的辅助常开触点____，自锁。

→KM 的主触点____，电动机 M 启动运转。

(3) 按下停止按钮____→KM 线圈失电

→KM 的辅助常开触点____，KM 线圈失电。

→KM 的主触点____，电动机 M 停转。

2. 绘制点动与长动控制线路原理图，并回答其工作原理。

工作原理如下：

(1) 先合上电源开关 _____。

(2) 点动：按下按钮 SB3，其动断触点先_____自锁电路，动合触点使接触器 KM 线圈_____，主触点_____，电动机 M 运转。松开按钮 SB3，其动合触点先断开，使接触器 KM 线圈_____，主触点_____，电动机 M 停转。然后动断触点闭合，这时接触器 KM 的自锁辅助触点已_____。

(3) 长动：按下按钮 SB1，接触器 KM _____并自锁，电动机 M 运转；松开按钮 SB1，电动机 M 仍继续运转；SB1 为_____按钮。

模块三　三相异步电动机的正反转控制

学习目标

1. 掌握三相异步电动机正反转控制原理。
2. 掌握三相异步电动机正反转控制接线。

一、倒顺开关正反转控制线路

倒顺开关又称可逆转换开关，利用它可以改变电源相序来实现电动机的手动正反转控制。铣床主轴电动机的正反转选择就是由倒顺开关来控制的。如图 4—19 所示为倒顺开关正反转控制线路。

操作倒顺开关 QS，当手柄处于"停"位置时，QS 的动、静触点不接触，电路不通，电动机不转；当手柄扳至"顺"位置时，QS 的动触点与左边的静触点相接触，电路按 L1—U、L2—V、L3—W 接通，输入电动机定子绕组的电源电压相序为 L1—L2—L3，电动机正转；当手柄扳至"倒"位置时，QS 的动触点与右边的静触点相接触，电路按 L1—W、L2—V、L3—U

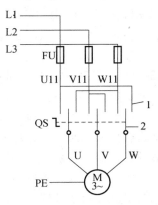

图 4—19　倒顺开关正反转控制线路

接通，输入电动机定子绕组的电源电压相序变为 L3—L2—L1，电动机反转。

必须注意的是：当电动机处于正转状态时，欲使它反转，必须先把手柄扳至"停"位置，使电动机先停止转动，然后再把手柄扳至"倒"位置，使它反转。如果直接由"顺"扳至"倒"，因电源突然反接，会产生很大的反接电流，易使电动机的定子绕组损坏。

倒顺开关正反转控制线路虽然使用电器较少，线路比较简单，但它是一种手动控制线路，在频繁换向时，操作人员劳动强度大，操作安全性差，所以这种线路一般用于控制额定电流 10 A、功率在 3 kW 及以下的小容量电动机。

二、接触器联锁正反转控制线路

在实际生产中，更常用的是用按钮、接触器来控制电动机的正反转，如图 4—20 所示为接触器联锁正反转控制线路。

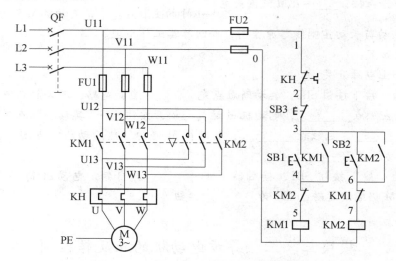

图 4—20 接触器联锁正反转控制线路

接触器联锁的正反转控制线路中采用了两个接触器，即正转用的接触器 KM1 和反转用的接触器 KM2，它们分别由正转按钮 SB1 和反转按钮 SB2 控制。从主电路中可以看出，这两个接触器的主触点所接通的电源相序不同，KM1 按 L1—L2—L3 相序接线，KM2 则按 L3—L2—L1 相序接线。相应控制电路有两条，一条是由按钮 SB1 和接触器 KM1 线圈等组成的正转控制电路；另一条是由按钮 SB2 和接触器 KM2 线圈等组成的反转控制电路。

注意接触器 KM1 和 KM2 的主触点绝不允许同时闭合，否则将造成两相电源（L1 相和 L3 相）短路事故。为了避免两个接触器 KM1 和 KM2 同时得电动作，在正、反转控制电路中分别串接了对方接触器的一对常闭辅助触点。

当一个接触器得电动作时，通过其常闭辅助触点使另一个接触器不能得电动作，接触器之间这种相互制约的作用叫作接触器联锁（或互锁）。实现联锁作用的常闭辅助触点称为联锁触点（或自锁触点），联锁用符号"∇"表示。

在接触器联锁正反转控制线路中，电动机从正转变为反转时，必须先按下停止按钮后，才能按反转启动按钮；否则，由于接触器的联锁作用，不能实现反转。因此线路工作安全、可靠，但操作不便。

工作原理如下：

1. 合上电源开关 QF。

2. 正转控制：按下按钮 SB1→KM1 线圈得电吸合→KM1 的自锁触点闭合→自锁→KM1 的主触点闭合→电动机 M 正转→KM1 的联锁触点分断→对 KM2 联锁。

松开按钮 SB1→电动机 M 继续正转运行。

3. 反转控制：按下 SB3→KM1 线圈失电释放→KM1 的自锁触点分断→解除对 KM1 的自锁→KM1 的主触点分断→电动机 M 停转→KM1 的联锁触点闭合→解除对 KM2 的联锁。

松开按钮 SB3→电动机 M 已停转。

再按下按钮 SB2→ KM2 线圈得电吸合→KM2 的自锁触点闭合→自锁→ KM2 的主触点闭合→电动机 M 反转→KM2 的联锁触点分断→解除对 KM1 联锁。

松开按钮 SB2→电动机 M 继续反转运行。

按下 SB3→KM2 失电释放，电动机 M 停转。

由以上分析可知，若要改变电动机的转向，必须先按下停止按钮 SB1，再按下反向按钮 SB2 或 SB3，才能实现反转，显然操作不太方便。

三、按钮、接触器双重联锁正反转控制线路

双重联锁正反转控制线路在按钮联锁的基础上增加了接触器联锁，操作方便，安全可靠，应用非常广泛，如图 4—21 所示。

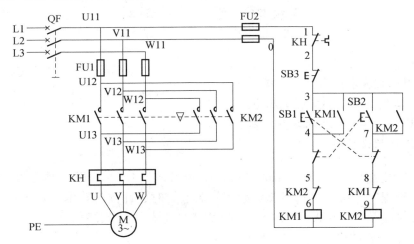

图 4—21　按钮、接触器双重联锁正反转控制线路

工作原理如下：

先合上电源开关 QF。

1. 正转控制

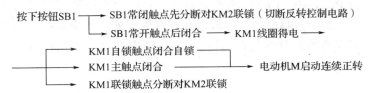

2. 反转控制

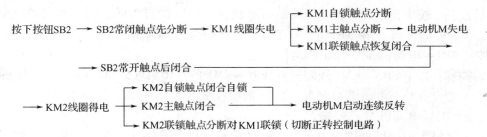

按下按钮SB2 → SB2常闭触点先分断 → KM1线圈失电
- KM1自锁触点分断
- KM1主触点分断 → 电动机M失电
- KM1联锁触点恢复闭合

→ SB2常开触点后闭合

→ KM2线圈得电
- KM2自锁触点闭合自锁
- KM2主触点闭合 → 电动机M启动连续反转
- KM2联锁触点分断对KM1联锁（切断正转控制电路）

若要停止，按下按钮 SB3，整个控制电路失电，主触点分断，电动机 M 失电停转。

练 习 题

1. 绘制三相异步电动机正反转控制线路图，并简述其工作原理。
2. 绘制三相异步电动机双重联锁正反转控制线路图，并简述其工作原理。

模块四　可编程控制器

学习目标

1. 了解 PLC 的基本概念及其组成。
2. 掌握基本编程指令的功能及应用。
3. 理解 PLC 的编程规则及编程方法。
4. 掌握 PLC 的设计编程步骤。

可编程逻辑控制器（Programmable Logic Controller，PLC）采用一类可编程的存储器，用于其内部存储程序，执行逻辑运算、顺序控制、定时、计数与算术操作等面向用户的指令，并通过数字或模拟式输入/输出控制各种类型的机械或生产过程。

一、PLC 的一般结构

PLC 生产厂家很多，产品的结构也各不相同，但它们的基本结构相同，都采用计算机结构，如图 4—22 所示。由图可见它主要由 6 个部分组成，包括 CPU（中央处理器）、存储器（RAM/ROM）、输入/输出（I/O）接口电路、电源、外设接口、I/O 扩展接口。

1. 中央处理器（CPU）

CPU 是中央处理器（Central Processing Unit）的英文缩写。它是 PLC 的核心，相当于人的大脑，是控制指挥的中心。它主要由控制电路、运算器和寄存器组成，并集成在一块芯片上。CPU 通过地址总线、数据总线和控制总线与存储器、输入/输出接口电路相连接，完成信息的传递、转换等。

2. 存储器

存储器是具有记忆功能的半导体电路，用来存放程序和数据。根据存储器在系统中的作用不同，可分为系统程序存储器和用户程序存储器。

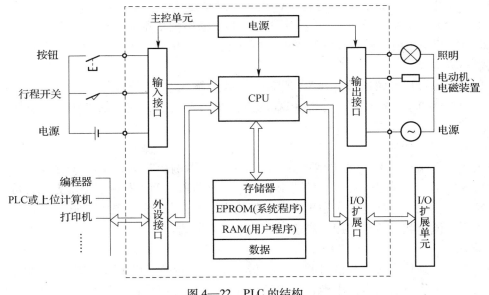

图 4—22　PLC 的结构

（1）系统程序存储器

系统程序是指对整个 PLC 系统进行调度、管理、监视及服务的程序及对用户程序做编译处理的程序。这部分程序存在系统程序存储器中，且系统程序根据各种 PLC 不同的功能，已由制造厂家在出厂前固化到各种只读存储器（ROM）中，用户不能直接存取、修改。

（2）用户程序存储器

用户程序是指使用者根据工程现场的生产过程和工艺要求编写的控制程序。用户程序存储器用来存放由编程器或计算机输入的用户程序，以及存放输入/输出状态、计数/定时的值、中间结果等。由于这些程序或数据需要经常改变、调试，故用户程序存储器多为随机存储器（RAM）。为保证掉电时不会丢失存储的信息，一般用锂电池作为备用电源。当用户程序确定不变后，可将其写入可擦除可编程只读存储器（EPROM）中。

系统程序存储器容量的大小决定了系统程序的大小和复杂程度，也决定了 PLC 的功能。用户程序存储器容量的大小决定了用户控制系统的控制规模和复杂程度。PLC 产品说明书中所给出的存储容量是指用户存储器的容量。

3. 输入/输出接口电路

输入、输出接口电路是 PLC 与现场 I/O 设备相连的部件。它的作用是将输入信号转换为 CPU 能够接收和处理的信号，将 CPU 送出的弱电信号转换为外部设备所需要的强电信号。因此，它不仅能完成输入、输出接口电路信号的传递和转换，而且有效地抑制了干扰，起到了外部电的隔离作用。

（1）输入接口电路

输入接口电路接收从按钮开关、选择开关、行程开关等来的开关量输入信号和由电位器、热电偶、测速发电机等来的连续变化的模拟量输入信号，然后送入 PLC。输入接口电路一般由光电耦合电路和 CPU 的输入接口电路组成。

实际生产过程中产生的输入信号多种多样，信号电平各不相同。而 PLC 所能处理的信号只能是标准电平，因此，必须通过 I/O 接口电路将这些信号转换成 CPU 能够接收和处理的标准电平信号。为提高抗干扰能力，一般的输入/输出模块都有光电隔离装置。在数字量 I/O 模块中广泛采用由发光二极管和光敏三极管组成的光电耦合器，在模拟量 I/O 模块中通常采用隔离放大器。

PLC 的输入接口电路通常有开关信号输入、直流输入、交流输入三种形式。开关信号直接输入由内部的直流电源供电，小型 PLC 的直流输入电路也由内部的直流电源供电，交流输入必须外加电源。

（2）输出接口电路

输出接口电路按照 PLC 的类型不同一般分为继电器输出型 R、晶体管输出型 T 和晶闸管输出型 S 三类，以满足各种用户的要求。其中继电器输出型为有触点输出方式，可用于直流或低频交流负载；晶体管输出型 T 和晶闸管输出型 S 都是无触点输出方式，前者适用于高速、小功率直流负载，后者适用于高速、大功率交流负载。

4. 电源

PLC 的电源是将交流电源经过整流、滤波、稳压后转换成供 PLC 的中央处理器、存储器等电子电路工作所需的直流电源，使 PLC 能正常工作，PLC 内部电路使用的电源是整体的能源供给中心，它的好坏直接影响 PLC 的功能和可靠性。因此，PLC 一般采用开关型稳压电源供电，其特点是电压范围宽、体积小、质量轻、效率高、抗干扰性能好。松下 FP 系列电源为 DC24 V 供电。

5. 外设接口

外设接口是指在主机外壳上与外部设备配接的插座。通过电缆线可配接编程器、计算机、打印机、EPROM 写入器、盒式磁带机等。

6. I/O 扩展接口

I/O 扩展接口用来扩展输入、输出点数。当用户所需的输入、输出点数超过主机（控制单元）的输入、输出点数时，可通过 I/O 扩展接口与 I/O 扩展单元相接，以扩充 I/O 点数。A/D、D/A 单元及链接单元一般也通过该接口与主机相接。

二、PLC 的基本工作原理

PLC 采用循环扫描的工作方式，在 PLC 中用户程序按先后顺序存放，CPU 从第一条指令开始执行，直至遇到结束符后又返回第一条指令。如此周而复始不断循环。整个扫描过程可分为自诊断、与编程器和计算机等通信、输入采样、程序执行、输出刷新五个阶段，其工作过程如图 4—23 所示。

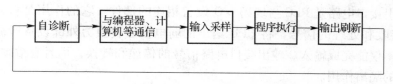

图 4—23　PLC 工作过程

1. 自诊断阶段

每次扫描用户程序之前，首先执行故障自诊断程序，自诊断内容为 I/O、存储器、CPU 等，发现异常停机并显示出错，若自诊断正常则继续向下扫描。

2. 外设通信阶段

PLC 检查是否有与编程器和计算机的通信请求，若有则进行相应处理，如接收编程器送来的程序、命令和数据，并把要显示的状态、数据、出错信息发送给编程器进行显示。如果有与计算机的通信请求，也在这段时间完成数据的接收和发送任务。

3. 输入采样阶段

PLC 的中央处理器对各个输入端进行扫描，将输入端状态送到输入状态寄存器中，此时输入状态寄存器被刷新。在程序执行阶段，即使输入状态寄存器发生变化，其内容也不会改变。输入状态的改变只能在下一个扫描周期输入采样到来时才能重新输入。

4. 程序执行阶段

CPU 将指令逐条调出，按照从左到右、从上到下的顺序扫描执行每一条用户程序，并对输入和原输出状态（这些状态统称为数据）进行"处理"，即按程序对数据进行逻辑、算术运算，再将正确的结果送到输出状态寄存器中。

5. 输出刷新阶段

所有指令执行完毕，集中把输出状态寄存器的状态通过输出部件转换成被控设备所能接收的电压或电流信号，以驱动被控设备。如果当扫描到来时输入变量在此期间发生变化，则本次扫描期间输出就会有相应变化。如果在本次扫描之后输入变量才发生变化，则本次扫描周期输出不变，只有等待下一次扫描输出才会发生变化。这就造成了 PLC 的输入与输出响应的滞后，甚至可滞后 2~3 个周期。尽管这种响应滞后对工业设备来说是完全允许的，但只有当输入变量满足条件的时间大于扫描周期，这个条件才能被 PLC 接收并按程序执行。如果某些设备需要输出对输入做出快速响应时，可选用高速 CPU 提高扫描速度，采用快速响应模块、高速计数模块以及不同的中断处理等措施减少滞后时间。

PLC 经过这五个阶段的工作过程称为一个扫描周期，完成一个周期后又重新执行上述过程，扫描周而复始地进行。PLC 的扫描时间取决于 I/O 扫描速度、用户程序的长短以及所使用程序指令的类型。通常扫描周期为几十毫秒，这对工业控制对象来说几乎是瞬间完成的。

三、PLC 的编程语言

IEC（国际电工委员会）的 PLC 编程语言标准（IEC1131-3）中有 5 种编程语言，分别是梯形图（LD——Ladder Diagram）、功能块图（FBD——Function Block Diagram）、顺序功能图（SFC——Sequential Function Chart）、指令表（IL——Instruction List）和结构文本（ST——Structured Text）。其中梯形图（LD）、功能块图（FBD）、顺序功能图（SFC）是图形化编程语言，指令表（IL）和结构文本（ST）是文字编程语言。最常用的编程语言是梯形图和指令表。

四、指令系统

1. 基本指令的构成

基本指令的每一条指令一般由指令助记符号（操作码）和作用器件编号（操作数）两部分组成。

FP 系列 PLC 的指令表达式比较简单，由操作码和操作数构成，格式为：

地址　操作码　操作数

其中，操作码规定了 CPU 所执行的功能。

例如，AN　X0，表示对 X0 进行与操作。

操作数包含了操作数的地址、性质和内容。操作数可以没有，也可以是一个、两个、三个甚至四个，随不同的指令而不同。如／指令就没有操作数。

2. 基本指令的分类

基本指令可分为以下四大类：

（1）基本顺序指令：主要执行以位（bit）为单位的逻辑操作，是继电器控制电路的基础。

（2）基本功能指令：有定时器、计数器和移位寄存器指令（考虑到指令特点，这一部分中还包括了三条高级指令）。

（3）控制指令：可根据条件判断来决定程序执行顺序和流程的指令。

（4）比较指令：主要进行数据比较。

3. 基本顺序指令介绍

基本顺序指令包括 ST、ST／、OT、NOT（／）、AN、AN／、OR、OR／、ANS、ORS、PSHS、RDS、POPS、DF、DF／、SET、RST、KP、NOP。

（1）ST、ST／和 OT 指令（Start、Start dNot、Out）

1）指令功能

ST：常开（动合）触点与母线连接，开始一逻辑运算时，输入第一条指令。

ST／：常闭（动断）触点与母线连接，开始一逻辑运算时，输入第一条指令。

OT：线圈驱动指令，将运算结果输出到指定继电器，表示输出一个变量。

2）程序举例

ST、ST／和 OT 指令梯形图如图 4—24 所示。

指令表：

地址	操作码	操作数
0	ST	X0
1	OT	Y0
2	ST／	X1
3	OT	Y1

时序图如图 4—25 所示。

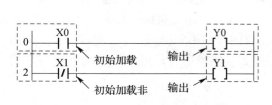

图 4—24　ST、ST／及 OT 指令梯形图

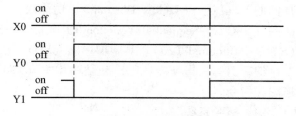

图 4—25　时序图

程序解释：

当 X0 接通时，Y0 接通；当 X1 断开时，Y1 接通。

（2）AN 和 AN／指令（AND 、AND Not）

1）指令功能

AN：串联常开／动合触点指令（与指令），把原来保存在结果寄存器中的逻辑操作结果与指定的继电器内容相"与"，并把这一逻辑操作结果存入结果寄存器（表示将一个常开触点与前面的触点相串联）。

AN/：串联常闭/动断触点指令（与非指令），把原来被指定的继电器内容取反，然后与结果寄存器的内容进行逻辑"与"，操作结果存入结果寄存器（表示将一个常闭触点与前面的触点相串联）。

2）程序举例

梯形图程序如图4—26所示。

指令表：

图4—26 AN，AN/指令梯形图

      地址指令

      0   ST   X0

      1   AN   X1

      2   AN/   X2

      3   OT   Y1

时序图如图4—27所示。

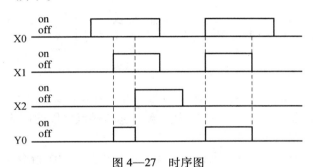

图4—27 时序图

程序解释：

当X0、X1都接通且X2断开时，Y0接通。

（3）OR和OR/指令（OR、OR Not）

1）指令功能

OR：并联常开/动合接点指令（或指令），把结果寄存器的内容与指定继电器的内容进行逻辑"或"，操作结果存入结果寄存器。（表示将一个常开触点与前面的触点相并联）

OR/：并联常闭/动断接点指令（或非指令），把指定继电器内容取反，然后与结果寄存器的内容进行逻辑"或"，操作结果存入结果寄存器。（表示将一个常闭触点与前面的触点相并联）

2）程序举例

梯形图程序如图4—28所示。

指令表：

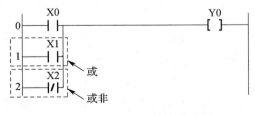

图4—28 OR，OR/指令梯形图

      地址指令

      0   ST   X0

      1   OR   X1

      2   OR/   Y2

      3   OT   Y0

程序解释：

当 X0 或 X1 接通或 X2 断开时，Y0 接通。

五、梯形图的编程规则和方法及注意事项

（1）梯形图的编程规则和方法

PLC 梯形图作为一种语言，有它的书写规则应予以注意，以保证程序的正确性。

1）梯形图按从左到右、从上到下的顺序书写。

2）梯形图的左边为起始母线，右边为结束母线。每个继电器线圈为一个逻辑行，又称为一个梯级。梯形图的每一逻辑行皆起始于左母线，终止于右母线。

3）继电器输出线圈总是处于最右边，且不能直接与左边母线相连，即输出线圈前面必须有接点，但线圈右边不能有接点。如图 4—29 所示。

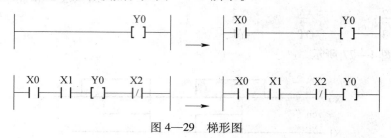

图 4—29　梯形图

4）PLC 编程元件的触点（接点）在梯形图中可串可并可无限次使用，但输出继电器线圈只能并不能串，且不能重复使用只能出现一次，它的触点可以使用无数次。

5）程序结束时有结束符 ——（ED）

程序以 END 指令结束，程序的执行是从第一个地址到 END 指令结束，在调试的时候，可以利用这个特点将程序分成若干个块，进行分块调试，直至程序全部调试成功。

（2）梯形图的注意事项

1）用电路变换简化程序（减少指令的条数）。如图 4—30 所示。

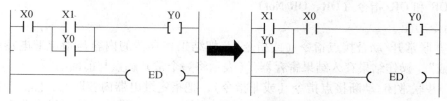

图 4—30　梯形图变换简化程序

2）逻辑关系应尽量清楚（避免左轻右重），应尽量做到"上重下轻、左重右轻"。如图 4—31 所示。

3）避免出现无法编程的梯形图。如图 4—32 所示。

六、PLC 的应用设计步骤及电气运行控制

1. PLC 的设计步骤

1）控制要求及原理。确定被控系统必须完成的动作及完成这些动作的顺序。

2）I/O 分配。分配输入输出设备，即确定哪些外围设备是送入到 PLC，哪些外围设备是接收来自 PLC 信号的。并将 PLC 的输入输出口与之对应进行分配。

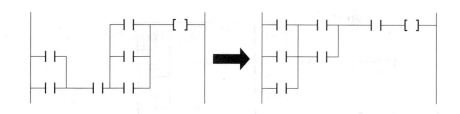

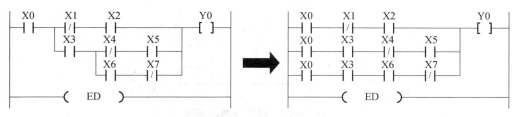

图4—31　梯形图编写规则

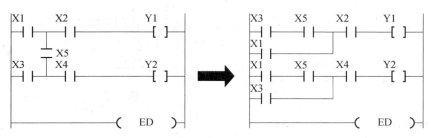

图4—32　梯形图转换

3）画外部接线图（系统图）。根据工作原理画出 PLC 的外围接线图。

4）设计 PLC 程序画出梯形图。梯形图体现了按照正确的顺序所要求的全部功能及其相互关系。

5）将梯形图语言转化为指令表／指令助记符语言（或用计算机对 PLC 的梯形图直接编程）。

6）对程序进行调试（模拟和现场）。

2. PLC 控制电动机连续运行的编程演示

1）电气原理如图4—33所示。

2）输入/输出（I/O）分配

输入（IN）：

SB1 停止按钮——X1

SB2 启动按钮——X2

输出（OUT）：

线圈 KM——Y1

3）画出 PLC 外部接线图，如图4—34所示。

4）梯形图，如图4—35所示。

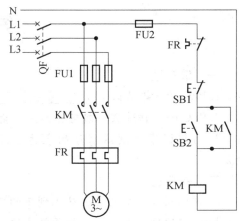

图4—33　电动机连续运行电气图

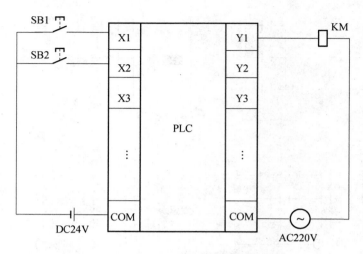

图 4—34　PLC 外部接线图

5）指令表（指令助记符）

0	ST	X2
1	OR	Y1
2	AN/	X1
3	OT	Y1
4	ED	

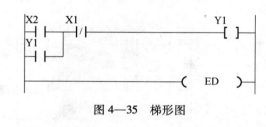

图 4—35　梯形图

6）调试程序

运行、调试。

3. 编程练习

完成电动机接触器联锁正反转控制的 PLC 设计。

要求：按照 PLC 程序设计步骤，画出电气原理图、写出 I/O 分配、画出外部接线图、设计梯形图、写出指令表、运行调试程序。

练　习　题

一、填空题

1. PLC 的一般结构是_____、_____、_____、_____、_____、_____。

2. PLC 的工作过程一般可分为三个主要阶段：_____、程序执行阶段和_____。

3. 可编程序控制器程序的表达方式基本有_____、_____、逻辑功能图和高级语言。

二、判断题

1. 梯形图按从右到左、从上到下的顺序书写。　　　　　　　　　　　　　（　　）

2. 继电器输出线圈总是处于最右边，且不能直接与左边母线相连。　　　　（　　）

3. PLC 具有逻辑运算功能，能够描述继电器触点的串联和并联等各种连接。（　　）

4. PLC 编程元件的触点（接点）在梯形图中可串可并可无限次使用。　　　（　　）

5. 输出继电器线圈只能并联不能串联且在梯形图中可无限次使用。　　　（　　）

6. 可编程控制系统的控制功能必须通过修改控制器件和接线来实现。　　　（　　）

7. PLC 的扫描周期仅取决于程序的长度。　　　　　　　　　　　　　　（　　）

8. 电气隔离是在微处理器与 I/O 回路之间采用的防干扰措施。　　　　　（　　）

三、编程练习

电动机双重联锁正反转控制的 PLC 设计。要求：按照 PLC 程序设计步骤，画出电气原理图、写出 I/O 分配、画出外部接线图、设计梯形图、写出指令表、运行调试程序。

第五单元　供配电系统

模块一　电力系统简介

学习目标

1. 熟悉电力系统。
2. 熟悉电力负荷分级及供电要求。
3. 掌握低压配电系统。
4. 掌握常用低压设备的特点及用途。

一、电力系统简介

由发电厂、电力网和电力用户组成的统一整体称为电力系统，如图5—1所示。

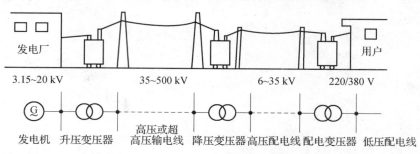

图5—1　电力系统的组成

1. 发电厂

发电厂是将一次能源（如水力、火力、风力、原子能等）转换成二次能源（电能）的场所。

2. 电力网

电力网是电力系统的有机组成部分，它包括变电所、配电所及各种电压等级的电力线路。

变电所就是担负从电力系统接受电能，然后变换电压、分配电能任务的场所。

配电所就是担负从电力系统接受电能，然后分配电能任务的场所。

变电所与配电所的区别是看其内部有无装设电力变压器。

电力线路是输送电能的通道。将发电厂生产的电能直接或由降压变电所分配给用户的10 kV及以下的电力线路为配电线路，电压在35 kV及以上的高压电力线路为送电线路。

3. 电力用户

电力用户也称电力负荷。在电力系统中，一切消费电能的用电设备均称为电力用户。

4. 我国电网电压等级

我国电力网的电压等级主要有 0.22、0.38、3、6、10、35、110、220、330、550 kV 等 10 级。其中电网电压在 1 kV 及以上的称为高压，1 kV 以下的电压称为低压。

二、建筑供电系统组成

从取得电源到用电负荷之间的线路，加上线路中间各种分支、控制及保护装置，即组成建筑供配电系统——建筑供电系统。

1. 电力负荷分级及供电要求

在电力系统上的用电设备所消耗的功率称为用电负荷或电力负荷。根据电力负荷对供电可靠性的要求及中断供电在政治、经济上所造成的损失或影响的程度，分为三级。

2. 一级负荷

指中断供电将造成人身伤亡者，造成重大政治影响和经济损失；或造成公共场所秩序严重混乱的电力负荷，属于一级负荷。

要求：双电源供电，一用一备，当一个电源发生故障时，另一个电源应不致同时受到损坏。一级负荷中的特别重要负荷，除上述双电源外，还须增设应急电源。为保证对特别重要负荷的供电，禁止将其他负荷接入应急供电系统。

3. 二级负荷

当中断供电将造成较大政治影响、较大经济损失或将造成公共场所秩序混乱的电力负荷，属于二级负荷。

要求：双电源供电，一用一备，双电源应做到当发生电力变压器故障或线路常见故障时不致中断供电（或中断供电后能迅速恢复）。在负荷较小或地区供电条件困难时，二级负荷可由一路 6 kV 及以上的专用架空线供电。

4. 三级负荷

不属于一级和二级负荷的一般电力负荷，均属于三级负荷。三级负荷对供电电源无要求，一般为一路电源供电即可，但在可能的情况下，也应提高其供电的可靠性。

三、低压配电系统

配电系统的接地形式，可分为三大类，接地形式以拉丁文字做代号，即 IT 配电系统，TT 配电系统，TN 配电系统。在 TN 配电系统中又分 TN-C 配电系统，TN-S 配电系统，TN-C-S 配电系统。各字母所代表意义如下：

第一个字母表示电源侧中性点与大地的关系：

"I"表示电源侧中性点不接地或经高阻抗接地；

"T"表示电源侧中性点直接接地。

第二个字母表示电气装置的外露可导电部分与大地的关系：

"T"表示电气装置的外露可导电部分通过接地体与大地直接连接，而此接地点在电气上独立于电源端的接地点；

"N"表示电气装置的外露可导电部分与电源端接地点有直接电气连接。

其他字母表示中性线和保护线的组合情况：

"C"表示在同一配电系统中，中性导体和保护导体是合一的，用字母 PEN 表示；

"S"表示在同一配电系统中，中性导体和保护导体从电源端接地点开始就完全分开，中性导体用字母"N"来表示，保护导体用字母"PE"来表示；

"C-S"表示在同一配电系统中，在靠近正电源侧，中性线和保护线是合一的。在靠近负荷侧，中性导体和保护导体是分开的。由合一变分开时，在分开处应作一组重复接地。

1. IT 配电系统

电源端的中性点不接地或有一点经过阻抗接地，电气装置外露可导电部分直接接地。这种系统主要用于 10 kV 及 35 kV 的高压系统和矿山、井下、大型医院的低压配电系统。

2. TT 配电系统

电源端有一点直接接地，电气装置的外露可导电部分通过接地体直接接地，该接地点在电气上独立于电源端的接地点。这种配电系统，主要用在低压公用变压器配电系统和 110 kV 及以上高压供电系统。

3. TN 配电系统

电源侧有一点直接接地，电气装置的外露可导电部分通过中性导体或保护导体连接到此接地点。

四、建筑供电系统典型方案

1. 小区供电系统

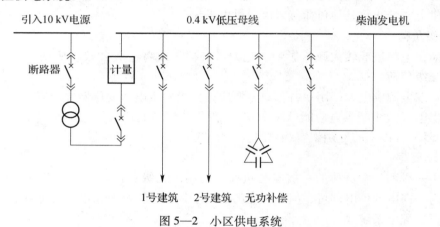

图 5—2　小区供电系统

2. 一般高层建筑供电系统

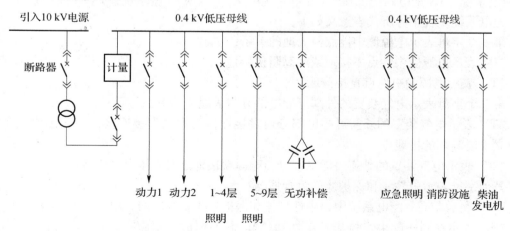

图 5—3　一般高层建筑供电系统

练　习　题

一、填空题

1. 电力网是电力系统的有机组成部分，它包括_____、_____及各种电压等级的电力线路。

2. 我国电力网的电压等级主要有_____、_____、_____、_____、_____、_____、_____、_____、_____、_____ kV 10 级。其中电网电压在 1 kV 及以上的称为_____，1 kV 以下的电压称为_____。

3. 配电系统的接地形式，可分为三大类，接地形式以拉丁文字做代号，即_____系统、_____系统、_____系统。

二、选择题

1. IT 配电系统：电源端的中性点不接地或有一点经过阻抗接地，电气装置外露可导电部分直接接地。这种系统主要用于_____ kV 的高压系统和矿山、井下、大型医院的低压配电系统。

A. 1 或 2　　　　　B. 3 及 4　　　　　C. 110　　　　　D. 10 及 35

2. TT 配电系统：电源端有一点直接接地，电气装置的外露可导电部分通过接地体直接接地，该接地点在电气上独立于电源端的接地点。这种配电系统，主要用在低压公用变压器配电系统和_____ kV 及以上高压供电系统。

A. 1 或 2　　　　　B. 3 及 4　　　　　C. 110　　　　　D. 10 及 35

模块二　导线选择与敷设

学习目标

1. 熟悉导线的种类。
2. 掌握导线截面积与直径关系的计算。
3. 掌握导线安全载流量的估算。
4. 掌握导线的敷设方式。

一、导线选择

导线是电气安装、维修、制造必不可少的导电器材，它是由导电金属制造成型的，导电金属具有高的导电性和足够的机械强度，不易氧化和腐蚀，容易加工焊接。常用的良导体有银、铜、铁、钨等，经常使用的导电线材大都由铜和铝制成。导线的种类繁多，常用的有：裸导线、电磁线、绝缘导线等。

1. 裸导线

没有绝缘外皮的导线叫裸导线，多用铜、钢、铝制成，其结构形状可分为圆单线、裸纹线、型线和软接线等。

（1）圆单线。圆单线常用作负荷不大的架空线，电动机、变压器绕组用线，但单股铝线由于机械强度小，一般不允许用作架空线，如图5—4所示。

（2）裸绞线。裸绞线是多股圆单线绞合而成，一般用在电力架空线上。绞合线的表示法是将股数和线径写在一起，如7×1.70（或7/1.70）表示7根直径为1.7 mm的圆单线绞合在一起，如图5—5所示。

图5—4　圆单线

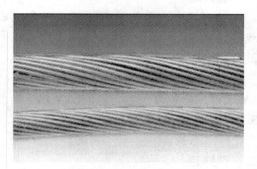

图5—5　裸绞线

（3）型线

型线是非圆形裸导线，主要是扁线和母线。扁线多用于电动机、变压器的绕组。母线（矩形线）多用于配电设备安装和输配电系统的汇流排，其型号为"TMY"（硬铜母线）、"TMR"（软铜母线）、"LMY"（硬铝母线）、"LMR"（软铝母线），如图5—6所示。

2. 电磁线

电磁线是一种具有绝缘层的导电金属电线，用以绕制电工产品的线圈绕组。目前多采用圆扁的铜芯线，也有采用铝芯线的。

电磁线的绝缘层除部分采用天然材料外，主要采用有机合成高分子化合物和无机材料。电磁线按绝缘层的特点和用途，可分为漆包线、绕包线、无机绝缘导线和特种电磁线四类，使用最广泛的为前两类。

（1）漆包线

其绝缘层是漆膜。在导线芯上涂覆绝缘漆后烘干而成。特点是漆膜均匀、光滑，有利于线圈的自动绕制；漆膜较薄有利于提高空间的利用率。它广泛应用于中小型和微型电工产品中，如图5—7所示。

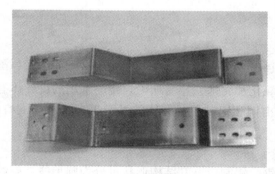

图5—6　型线

图5—7　漆包线

（2）绕包线

用天然纤维丝、玻璃丝、绝缘纸或合成树脂薄膜等紧密绕包在导线芯上，形成绝缘层。绕包线的优点是绝缘层较漆包线厚，电气性能好，能较好地承受过电压和过载，一般使用于大中型电工产品中，如图5—8所示。

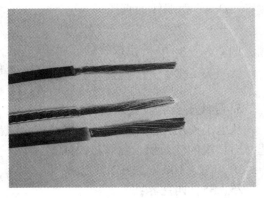

3. 绝缘导线

有绝缘外皮的导线即为绝缘导线，其工作电压一般为500 V，线芯的温度一般不能超过70℃，大多用作动力、照明配电导线。

图5—8　绕包线

绝缘导线常用的型号和规格：绝缘导线的型号种类繁多，目前最常使用有 BV、BLV 型。其中 BV 型为铜芯聚氯乙烯绝缘电线，BLV 型为铝芯聚氯乙烯绝缘电线。

绝缘导线常用的标称截面积、线芯结构及最大外径见表5—1。

表 5—1　　　　　　　　　　绝缘导线常用的标称截面积、线芯结构及最大外径

标称截面积 /mm^2	线芯结构 根数/直径（mm）	最大外径 /mm	标称截面积 /mm^2	线芯结构 根数/直径（mm）	最大外径 /mm
1	1/1.13	2.8	16	7/1.70	8
1.5	1/1.38	3.9	25	7/2.14	10
2.5	1/1.78	4.2	35	7/2.52	11.5
4	1/2.25	4.4	50	19/1.78	13
6	1/2.76	5.4	70	19/2.14	15
10	7/1.35	7			

注：BLV 铝芯聚氯乙烯绝缘导线规格中没有 1 mm^2 和 1.5 mm^2。

4. 导线截面积和导线直径的关系

单根导线截面积和导线直径的换算关系公式为

$$S = \frac{\pi D^2}{4}$$

式中　S——导线截面积，mm^2；

　　　D——导线直径，mm；

　　　π——常数（可按3.14计算）。

例如，导线的直径为1.38 mm，则其截面积 S 为

$$S = \frac{\pi D^2}{4} = \frac{3.14 \times 1.38^2}{4} = \frac{3.14 \times 1.9044}{4} = 1.4949 \approx 1.5(\text{mm}^2)$$

多根导线截面积和导线直径的换算关系公式为

$$S = \frac{\pi \times n \times D^2}{4}$$

式中　n——绞合线的根数；

D——每股线的直径；

π——常数（可按 3.14 计算）。

例如，7×1.70 的铝绞线的截面积 *S* 为

$$S = \frac{\pi \times 7 \times 1.7^2}{4} = \frac{3.14 \times 7 \times 2.89}{4} = \frac{63.5222}{4} = 15.8805 \approx 16\,(\text{mm}^2)$$

5. 导线安全载流量的估算口诀

从电工使用技能出发，掌握导线安全载流量的口诀，可以根据已知的负载电流大小迅速选择出导线的截面积。估算口诀如下

10 下五，100 上二；

25、35，四三界；

70、95，二倍半；

（适用条件：绝缘铝导线；明敷设；环境温度为 25℃）

穿管、温度，八折、九折；

铜线升级算；

裸线加一半。

（对不符合上述适用条件时的修正值）

对其中前三句口诀的解释如下：

表 5—2

导线截面积/mm²	1、1.5、2.5、4、6、10	16、25	35、50	70、95	120 及以上
载流量/（A/mm²）	5	4	3	2.5	2

例如，4 mm² 绝缘铝导线，明敷设，环境温度为 25℃时的安全载流量为 4×5 = 20（A）。

对后三句修正值的运用如下：

（1）导线若穿管使用，由于散热条件较差，其安全载流量应按 80%使用。如明敷设时安全载流量为 20 A，穿管后按 20 A×80% = 16 A 计算。

（2）导线工作环境温度超过 25℃，由于影响导线的散热，故应按 90%使用，即导线在 25℃以下使用为 20 A，在超过 25℃使用时则为 20 A×90% = 18 A 计算。

（3）同规格的铜导线比铝导线的安全载流量大，可按铝导线升一级规格计算，即 4 mm² 的铜导线可按 6 mm² 的铝导线安全载流量计算。

（4）裸导线架空使用时，由于便于导线散热，故其安全载流量增加一半，即绝缘导线安全载流量为 20 A，使用裸导线时，应为 20 A×1.5 = 30 A。

综上所述，现在 4 mm² 铜导线（应按 6 mm² 的铝导线安全载流量计算）。穿管敷设、环境温度 35℃时安全载流量为 6×5×0.8×0.9 = 21.6（A）。

二、导线的敷设

室内外配线指交流电压 500 V 以下的用电设备的室内外绝缘导线或电缆的敷设，也称作布线。动力线路有三相三线和三相四线；照明线路有三相四线或单相线路。

1. 敷设分类及一般规定

（1）配线方式有明敷、暗敷。明敷指用绝缘子支持，敷设于建筑物墙壁、支架等处；暗敷指穿管、线槽敷设于墙壁、顶棚、楼板内部。比较少的采用瓷瓶明设，塑料线槽明设，

护套线明设等，另外也有采用母线槽，适用于高层建筑配电方式，由于一次造价高，一般不常采用。

（2）电线穿管敷设经建筑物的沉降缝时，需设补偿装置，并留有余量。管配线不能敷设在锅炉、烟道表面。与其他管线平行、交叉需保持安全距离。

（3）一般情况下，可以使用铝芯电线，但在下列场所严禁使用：

1）重要的档案室、资料室、仓库及集会场所；

2）易燃易爆车间、厂房、仓库；

3）剧场舞台照明；

4）配电盘的二次回路；

5）木槽板中；

6）移动用电设备或有剧烈震动场所。

（4）导线允许最小截面

管配线　　铜芯不小于 1.0 mm² 　　铝芯不小于 2.5 mm²

绝缘子　　铜芯不小于 1.5 mm² 　　铝芯不小于 2.5 mm²

（支持间距不大于 2 m）

2. 常用配线方式

常用配线方式有瓷珠配线、瓷瓶配线、钢精卡子护套线配线、槽板（塑料槽板）配线、管配线（钢管、塑料管）和钢索配线等。

（1）瓷珠配线（低压穿心瓷瓶或带钉瓷珠）。瓷珠配线用木螺钉固定，适用于稍大容量，干燥和潮湿场所，如图5—9所示。

（2）瓷瓶配线。瓷瓶配线适用于容量较大，路线较长，干燥或潮湿场所，有棚无墙的半露天仓、堆料仓库等，如图5—10所示。

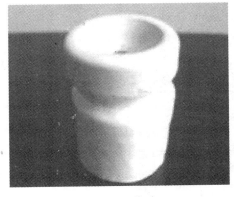

图5—9　瓷珠

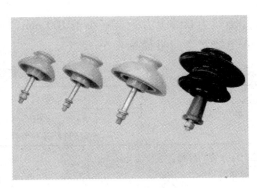

图5—10　瓷瓶

（3）钢精卡子护套线配线。常用钢精（软铝片状）扎头，塑料线钉（水泥钉）夹敷设。因导线本身有绝缘护套，构成双层绝缘，耐腐蚀，防潮，铅护套还防鼠咬。常用塑料护套线为BVV、BLV，500 V，10 mm² 以下。导线连接必须用接线盒或借助于用电设备接线端子，塑料护套线也可以在空心楼板的孔洞中敷设，但不许埋设在水泥抹面中，如图5—11所示。

（4）管配线。电线穿入钢管、塑料管，可明设也可暗设，导线不易受外界机械损伤，不易受潮。

1）钢管选择。埋在混凝土中可采用水煤气钢管；管壁兼作保护地线的应采用厚壁钢电线管；一般干燥场所明配管线可采用薄壁钢电线管，如图5—12所示。

图5—11　钢精卡子

图5—12　钢管

2）塑料管选择。塑料管应选用阻燃性材料，其氧指数应在27%以上。高压聚乙烯、聚丙烯流体管系可燃材料，其氧指数在26%以下，电气工程中已严禁采用，如图5—13所示。

3）管配线的安装要求

①管线敷设在多尘、潮湿场所，其管口连接处，如接线盒应密封，加装橡皮垫。

②埋入建筑物、构筑物内，距表面距离不小于15 mm。

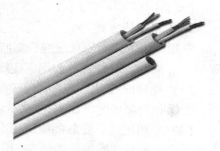

图5—13　塑料管

③距热力管线上方距离不小于100 mm，下方不小于500 mm。

④电线管弯曲半径见表5—3。

表5—3　　　　　　　　　　　　　　　　电线管弯曲半径

最小弯曲半径	明设	暗设	混凝土中
	≮6D	≮6D	≮10D
	当两盒间只有一个弯时≮4D		

注：D为管的外径，单位为mm。

⑤为便于导线安装和维护，接线盒的位置安装如下：

直管，管长每30 m处；

有一个90°转角，管长度每20 m处；

有两个90°转角，管长度每15 m处；

有三个90°转角，管长度每8 m处。

管线弯曲后夹角应不小于90°

⑥垂直敷设时，以下情况需增设接线箱，箱内作支架用卡子将导线固定。

管内导线截面为50 mm² 及以下，管线长每30 m处。

管内导线截面为 70~95 mm²，管线长每 20 m 处。

管内导线截面为 120~240 mm²，管线长每 18 m 处。

⑦管线连接。钢管连接一般采用套扣连接，管端扣和长度不小于 1/2 管接头长度，进入接线盒的锁母（根母）接上。管线在吊顶内敷设时，进入接线盒内、外均应套锁母。管接头两端，应焊跨接接地线，接地线选择根据管径的大小。

塑料管连接都采用套管，挠性管连接及进入接线盒均采用接头连接，PVC-C 氯化聚氯乙烯管采用专用黏结剂粘接。接管与承口应由两人同时涂刷黏结剂，按操作工艺板涂刷宽度为管径的 1/3~1/2。涂刷方向：承口应由里向外，接管应由承口深度标线至管段，重复 2~3 次并迅速插入。保持时间：夏季保持 15~30 s、冬季保持 30~60 s，不能松动，工作环境温度不能低于 0℃。

⑧塑料管配用塑料盒，金属管配用金属盒，明装钢管用明装接线盒，暗装管用暗装接线盒，塑料管配线需要保护接地。需单独敷一根截面不小于 2.5 mm² 铜芯绝缘线，绝缘等级与相线相同，并且要同管敷设，但与相线及零线颜色应有所区别，保护地（PE）应黄、绿相间的绝缘导线，中性线（N）应用淡蓝色绝缘线。

⑨三相四线制系统的照明回路，中性线（N）应与相线截面相等。明设钢管固定点间距离应均匀。φ15~20 mm 管，1~1.5 m 为宜；φ25~30 mm 管，1.5~2 m 为宜。

⑩导线同管敷设规定。不同回路、不同电压等级、交流回路、直流回路的导线，不能穿入同一管中；交流四路单根导线不能穿入同一管中；同一台设备电机的主回路和控制回路可在同一管中。同类照明回路可在同一管中，单导线的总数不大于 8 根；管内导线不准有接头，接头应在接线盒、接线箱内；管内导线，包括绝缘层在内，总面积不大于管内面积的 40%。

练 习 题

一、填空题

1. 常用的良导体有_____、_____、_____、_____等，经常使用的导电线材大都由_____和_____制成。导线的种类繁多，常用的有：_____、_____、_____等。

2. _____指用绝缘子支持，敷设于建筑物墙壁、支架等处；_____指穿管、线槽敷设于墙壁、顶棚、楼板内部。

3. 常用配线方式有 _____、_____、_____、_____、_____ 和_____等。

二、选择题

1. 导线为 7×2.52 的铝绞线的截面积 S 为（　　）。

A. 2　　　　　　　　B. 4　　　　　　　　C. 10　　　　　　　　D. 8

2. 4 mm² 绝缘铜导线，穿管敷设，环境温度为 35℃ 时的安全载流量为（　　）。

A. 19　　　　　　　　B. 20　　　　　　　　C. 21　　　　　　　　D. 22

模块三　电能表

学习目标

1. 熟悉电能及电能表的选择。
2. 掌握单相电能表的接线。
3. 掌握三相三线制、三相四线制电能表的接线。

一、电能表

用来计量电能的电工仪表，称为电能表，又称为电度表或瓦时表。

1. 电能表的分类

（1）按用途：工业与民用表、电子标准表、最大需量表、复费率表；

（2）按结构和工作原理：机械式、电子式、混合式，如图5—14、图5—15所示；

（3）按接入电源性质：交流表、直流表；

（4）按安装接线方式：直接接入式、间接接入式；

（5）按用电设备：单相、三相三线、三相四线电能表；

（6）按电能转换形式：有功电能表、无功电能表。

图5—14　单相机械式电能表　　　　图5—15　单相电子式电能表

2. 机械式电能表工作原理

它的测量机构是一个电压线圈和一个电流线圈，绕在一个特定形状的铁芯上，铁芯的缝隙中有一个可转动的圆形铝盘，当用电负荷工作时，在电压线圈和电流线圈的共同作用下，铝盘就会转动。通过传动机构，带动电能表的计数器（机械式计数器和电子式计数器）来记录在一段时间内消耗的电能。

3. 机械式电能表的型号及其含义

电能表型号是字母和数字的排列来表示的，内容如下：类别号+组别代码+设计序号+派生号。如我们常用的家用单相电能表：DD862-4型、DDS971型、DDSY971型等。

（1）类别代号：D-电能表；

（2）组别代号：表示相线，D-单相，S-三相三线，T-三相四线；

表示用途的分类，D-多功能，S-电子式，X-无功，Y-预付费。

4. 机械式电能表的选择

选择电能表，要注意这样几个参数：相数、额定电压和额定电流。

（1）相数。电能表有单相和三相之分，三相电能表又有三相三线电能表和三相四线电能表的区别。三相三线电能表用在三相三线系统中，三相四线电能表用在三相四线系统或者三相五线系统中。因此，在选择电能表时，必须弄清楚电力系统的相数和线数。

（2）额定电压。单相电能表的额定电压绝大多数都是220 V，但也有少数单相电能表的额定电压是380 V、110 V或36 V。三相电能表的额定电压有100 V和380 V的。三相三线电能表和三相四线电能表额定电压的标注方法是不一样的，三相三线电能表额定电压标的是380 V，而三相四线电能表额定电压的标注是380V/220 V或100 V，这可以帮助我们区分这两种电能表。

（3）额定电流。电能表的额定电流通常标有两个数值，后边一个被括在括号内，电能表的额定电流是指括号前的数字。电能表的额定电流应当不小于被测电路的最大负荷电流。测量大电流的电路，与电流表一样，也要通过电流互感器来扩大电能表的量程，当电能表通过电流互感器来扩大量程时，电能表的额定电流应选为5 A，这时的用电量，应为电能表所记录的数值与电流互感器的变比的乘积。

二、机械式电能表的接线

（1）单相有功电能表的接线。单相有功电能表最常用的接线方式为跳入式连接。电能表有四个主接线端子，标号为1~4，另有一个较小的辅助接线端子，标号为5。电源的相线L和零线N分别接1、3号端子，由2、4号端子的引出线分别是送到负荷的火线和零线。为使电压线圈与电源并联，辅助端子5与1号主端子相连，这个连接一般在接线端子板上由一个小的接线片完成，这就实现了电压线圈与电源并联，而电流线圈与负荷串联，这种连接方式称为跳入式连接，如图5—16所示。

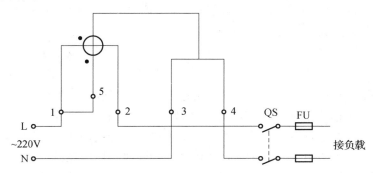

图5—16　跳入式连接

单相电能表还有另外一种接线方式，称为顺入式连接。顺入式连接与跳入式连接的接线原则都是一样的，只不过由于单相电能表的测量机构出现位置排列不同，使得外部连接也要做相应的改变。这种接线方式目前应用较少。跳入式和顺入式接线统称直入式接线，如图5—17所示。

如果被测电路的电流很大，那就要经过电流互感器来与被测电路相连接，如图5—18所示。

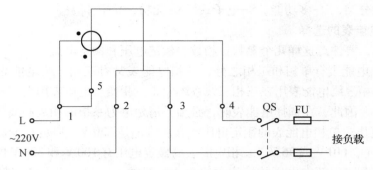

图 5—17　顺入式连接

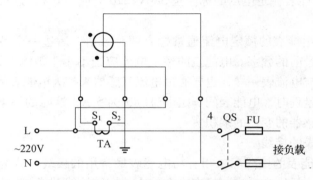

图 5—18　带电流互感器连接

单相有功电能表的接线与安全要求如下：

1）电能表的额定电压应与电源电压相符，其额定电流应与负荷电流相适应。

2）按照接线图正确接线，低压断路器（或开关和保险）应装在负荷侧。

3）接入直入式电能表的导线截面积应按负荷电流大小来选择，但不能小于 2.5 mm² 绝缘铜导线，并不能有接头。

4）配用电流互感器的电能表，二次电压回路导线截面积不应小于 1.5 mm²，二次电流回路导线截面积不应小于 2.5 mm²，材料为绝缘铜导线。

5）电流互感器与电能表连接时，极性不能接反，K_2 点应接保护线。

（2）三相有功电能表的接线。三相有功电能表按其结构的不同，可分为两元件表和三元件表。所谓一个元件是由一个电压线圈、一个电流线圈和它们各自的铁芯组成。两元件表用在三相三线制电力系统中。而三元件表适用于三相四线制供电系统中，它可计量三相对称负荷的电能，也可计量三相不对称负荷的电能。在低压系统中往往三相负荷是不对称的，所以常采用的是三相四线有功电能表。

1）三相三线制电能表共有 8 个接线端子，其中 1、4、6 端子为入线端，分别接三相电源的三根火线，3、5、8 端子为出线端，引出线送到负荷的三根火线，1、2 端子相接，6、7 端子相接，为使电压线圈并联在电源两端。具体接线图如图 5—19 所示。

2）三相三线制电能表当测量大的三相负荷时，同样需要通过电流互感器与电能表相连。

3）三相四线制电能表共有 11 个接线端子，其中 1、4、7、10 端子为入线端，分别接三相电源的三根火线和一根零线，3、6、9、11 为出线端，引出线送到负荷的三根火线和一根零线，1、2 端子相接，4、5 端子相接，7、8 端子相接，实现电压线圈并联在电源两端。具体接线图如图 5—20 所示。

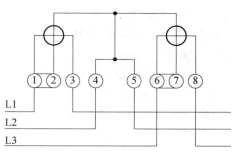

图 5—19　三相三线制连接

4）三相四线制电能表当测量大的三相负荷时，同样需要通过电流互感器与电能表相连。

5）电能表连接电流互感器时应注意：

①电流互感器的四个接线端一定要按照接线图之标注连接。否则，电能表的指示会出现误差，甚至倒转。

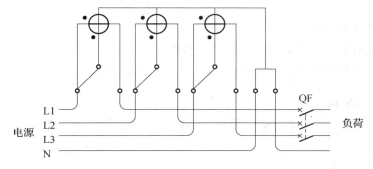

图 5—20　三相四线制连接

②通过电流互感器相连时，由于电能表的电流线圈不再与被测电路直接相连，所以，电压线圈的接线端子必须单独引线到相应的相线上，否则，电能表将无法工作。

③电能表通过电流互感器来连接时，由于被测线路的导线比较粗，无法穿进电能表的接线端子，因而采用了一根小截面积导线入零的接线方法。

④从安全的角度考虑，当采用电流互感器时，要求电流互感器的二次侧一端要接地。所谓接地，一般的做法是，将电流互感器二次侧的一端用导线与开关柜的金属构架相连。

练　习　题

一、填空题

1. _____，称为电能表，又称为_____或_____。

2. 电能表的分类：

（1）按用途：_____、_____、_____、_____；

（2）按结构和工作原理：_____、_____、_____；

（3）按接入电源性质：_____、_____；

（4）按安装接线方式：_____、_____；

（5）按用电设备：_____、_____、_____；

（6）按电能转换形式：_____、_____。

二、选择题

1. 选择电能表时，要注意相数、额定电压和_____等参数。

A. 频率   B. 相位   C. 角频率   D. 额定电流

2. 单相有功电能表的接线方式包括（   ）。

A. 跳入式和顺入式两种   B. 跳入式和直入式两种

C. 直入式和顺入式两种   D. 穿越式和顺入式两种

模块四　电气照明线路

学习目标

1. 熟悉电气照明电路常用附件。
2. 掌握荧光灯照明电路的原理及各部分作用。
3. 掌握电气照明线路安装的要求。

一、常用照明附件

常用照明附件包括灯座、开关、插座、挂线盒及木台等器件。

1. 灯座

分类：插口式、螺口式。

外壳材质：瓷、胶木、金属材料三种。

如图 5—21 所示。

a)   b)

图 5—21　灯座

a）插口式灯座　b）螺口式灯座

2. 开关

作用：在照明电路中接通或断开照明灯具的器件。

安装形式：明装、暗装。

结构：单联开关、双联开关、旋转开关（"联"指的是同一个开关面板上有几个开关按钮。"控"指的是其中开关按钮的控制方式，一般分为："单控"和"双控"两种。"单联单控"指的是一个按钮控制一组灯源。"单联双控"指的是有两个有一定距离的按钮同时控制一组灯源。比如有两侧楼梯的走廊灯的控制等）。

如图 5—22 所示。

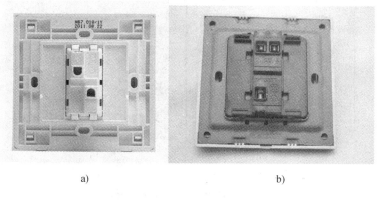

a)   b)

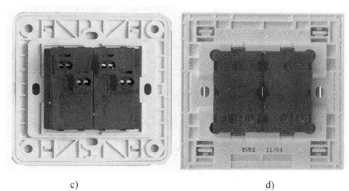

c)   d)

图 5—22　开关

a）单联单控开关　b）单联双控开关　c）双联单控开关　d）双联双控开关

3. 插座

作用：为各种可移动用电器提供电源的器件。

安装形式：明装、暗装。

按基本结构分为单相双极插座、单相带接地线的三极插座、带接地线的三相四极插座等，如图 5—23 所示。

二、荧光灯照明电路

1. 荧光灯及其附件的结构

主要由灯管、启辉器、启辉器座、镇流器、灯座、灯架等组成，如图 5—24 所示。

2. 荧光灯的工作原理

如图 5—25 所示。闭合开关接通电源后，电源电压经镇流器、灯管两端的灯丝加到启辉器的∩形动触片和静触片之间，引起启辉光放电。放电时产生的热量使得用双金属片制成的∩形动触片膨胀并向外伸展，与静触片接触，使灯丝预热并发射电子。在∩形动触片与静触片接触时，二者间电压为零而停止辉光放电，∩形动触片冷却收缩并复原而与静触片分离，动、静触片断开的瞬间，在镇流器两端产生一个比电源电压高得多的感应电动势，感应电动势与电源电压串联后加在灯管两端，使灯管内惰性气体被电离而引起弧光放电。

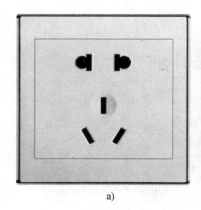
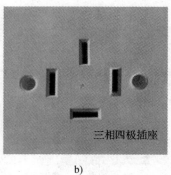

三相四极插座

a)　　　　　　　　　　　b)

图 5—23　插座

a）单相插座　b）三相插座

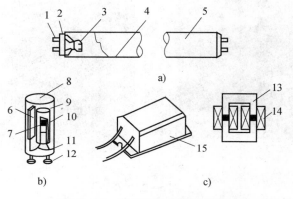

a)

b)　　　　　　　　　　c)

图 5—24　荧光灯及其附件结构

a）灯管　b）启辉器　c）镇流器

1—灯脚　2—灯头　3—灯丝　4—荧光丝或荧光粉　5—玻璃管　6—电容器
7—静触片　8—外壳　9—氖泡　10—动触片　11—绝缘底座
12—出线脚　13—铁芯　14—线圈　15—金属外壳

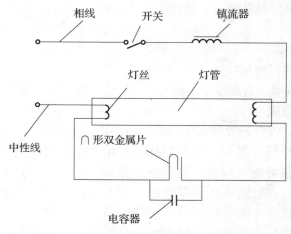

图 5—25　荧光灯结构图

随着灯管内温度升高，液态汞汽化游离，引起汞蒸气弧光放电而发生肉眼看不见的紫外线，紫外线激发灯管内壁的荧光粉后，发出近似日光的可见光。

3. 镇流器的作用

除了产生感应电动势外，还有两个作用：

一是在灯丝预热时限制灯丝所需的预热电流，防止预热电流过大而烧坏灯丝，保证灯丝电子的发射能力。

二是在灯管启辉后，维持灯管的工作电压和限制灯管的工作电流在额定值，以保证灯管稳定工作。

4. 启辉器内电容器的作用

一是与镇流器线圈形成 LC 振荡电路，延长灯丝的预热时间和维持感应电动势；二是吸收干扰收音机和电视机的交流杂音。

三、电气照明线路要求

1. 吊灯与地面垂直距离应符合下列规定，否则应采用 36 V 及以下安全电压。

（1）正常干燥场所室内照明不得低于 1.8 m；

（2）危险和较潮湿场所的室内照明不得低于 2.5 m；

（3）屋外照明不得低于 3 m。

2. 拉线开关、墙边开关及照明分路总开关的安装高度：

（1）拉线开关的安装高度：2~3 m；

（2）墙边开关的安装高度：1.3~1.5 m；

（3）照明分路总开关的安装高度：1.8~2 m。

3. 螺口灯座（头）接线的规定：

（1）火线先接开关，然后才接到螺口灯座中心弹簧片的接线桩上；

（2）零线直接接到螺口灯座螺纹的接线桩上。

4. 插座安装要求：

（1）高度一般为 1.3~1.5 m，不得小于 1.5 m，且低于 1.3 m 时，其导线应改用槽板或管道布线，居民住宅和儿童活动场所不得低于 1.3 m。

（2）插座的容量应与用电设备负荷相适应，每一插座只允许接用一个电器。1 kW 以上的用电设备，其插座前应加装闸刀开关控制。

（3）单相二孔插座：

水平安装时为左零右相，垂直安装时为上火下零。

（4）单相三孔扁插座：

单相三孔扁插座是左零右相上为地，不得将地线孔装在下方或横装；如需装熔断器，熔断器应装在相线上。

练 习 题

一、填空题

1. 常用照明附件包括_____、_____、_____、_____及_____等器件。

2. 荧光灯及其附件的结构主要由_____、_____、_____、_____、
_____、灯架等组成。

二、选择题

1. 拉线开关的安装高度为（　　　）。

A. 2~3 m   B. 1.5~3 m   C. 2~3.5 m   D. 2.5~3 m

2. 照明分路总开关的安装高度为（　　　）。

A. 2~3 m   B. 1.8~2 m   C. 2~3.5 m   D. 2.5~3 m

模块五　电气照明施工图识读

学习目标

1. 熟悉建筑电气施工图概念及内容。
2. 掌握电气照明施工图的读图方法。

一、电气施工图例及符号

图例和符号是看电气平面图和系统图应先具备的知识，懂了它才能明白图上面一些图样的意思。图例是图纸上用一些图形符号代替繁多的文字说明的方法。符号是图上用文字来代替繁多的说明，使人看了这些符号就懂得它的意思。电气施工图中常用的图例和符号见表5—4。

表5—4   **常用电气施工符号（一）**

符号	名称	符号	名称	符号	名称
⊗	普通灯	▭	三管荧光灯	⊡	按钮盒
⊗	防水防尘灯	▣E	安全出口指示灯	⛉	带保护接点暗装插座
○	隔爆灯	▣	自带电源事故照明灯	⛉	带接地插孔暗装三相插座
◓	壁灯	▽	天棚灯	Ⴘ	暗装单相插座
▦	嵌入式方格栅吸顶灯	●	球形灯	Ⴘ	单相插座
✕	墙上座灯	✔	暗装单极开关	Ⴘ	带保护接点插座
▭	单相疏散指示灯	✔	暗装双极开关	日	插座箱
⊞	双相疏散指示灯	✔	暗装三极开关	Ⴘ	电信插座
├─┤	单管荧光灯	✔	双控开关	ⴘⴘ	双联二、三极暗装插座
▬	双管荧光灯	⑧	钥匙开关	Ⴘ	带有单极开关的插座
▬	动力配电箱	▱	电源自动切换箱	▬	照明配电箱

常见的室内线路敷设方式及工程图上文字符号和导线敷设部位的标注见表5—5~表5—7。

表 5—5 **线路敷设方式的标注**

序号	名称	标注文字符号 新标准	标注文字符号 旧标准	序号	名称	标注文字符号 新标准	标注文字符号 旧标准
1	暗敷设	C	A	9	明敷设	E	M
2	穿焊接钢管敷设	SC	G	10	用钢索敷设	M	S
3	穿电线管敷设	MT	T	11	直接埋设	DB	无
4	穿硬塑料管敷设	PC	P	12	穿金属软管敷设	CP	F
5	穿阻燃半硬聚氯乙烯管敷设	FPC	无	13	穿塑料波纹电线管敷设	KPC	无
6	电缆桥架敷设	CT	CT	14	电缆沟敷设	TC	无
7	金属线槽敷设	MR	GC	15	混凝土排管敷设	CE	无
8	塑料线槽敷设	PR	XC	16	瓷瓶或瓷柱敷设	K	CP

表 5—6 **导线敷设部位的基本标注**

序号	名称	标注文字符号 新标准	标注文字符号 旧标准	序号	名称	标注文字符号 新标准	标注文字符号 旧标准
1	梁	B	L	4	地面（板）	F	D
2	顶棚	CE	P	5	吊顶	SC	
3	柱	C	Z	6	墙	W	Q

表 5—7 **常见导线敷设部位标注**

序号	名称	标注文字符号 新标准	标注文字符号 旧标准	序号	名称	标注文字符号 新标准	标注文字符号 旧标准
1	沿或跨梁敷设	AB	B	6	暗敷设在墙内	WC	WC
2	暗敷设在梁内	BC	LA	7	沿天棚或顶板面敷设	CE	CE
3	沿或跨柱敷设	AC	C	8	暗敷设在屋面或顶板内	CC	无
4	暗敷设在柱内	CLC	C	9	吊顶内敷设	SCE	SC
5	沿墙面敷设	WS	WE	10	地板或地面下敷设	FC	FC

二、电气施工图的一般概念

1. 房屋建筑常用的电气设施

（1）照明设备。主要指白炽灯、日光灯（荧光灯）、高压水银灯等，用于夜间采光照明。为这些照明附带的设施是电门（开关）、插销、电表、线路等装置。一般灯位的高度，安装方法图纸上均有说明。电门（开关）一般规定：搬把开关离地面为 140 cm，拉线开关离顶棚 20 cm。插销中的地插销一般离地面 30 cm，上插销一般离地 180 cm。此外有的规定中提出照明设备还需有接地或接零的保护装置。

（2）电热设备。系指电炉（包括工厂大型电热炉），电烘箱，电熨斗等大小设备。大的电热设备由于用电量大的情况，线路要单独设置，尤其应与照明线分开。

（3）动力设备。系指由电带动的机械设备，如机器上的电动机，高层建筑的电梯供水的水泵等。这些设备用电量大，并采用三相四线供电，设备外壳要有接地、接零装置。

（4）弱电设备。一般电话、广播设备均属于弱电设备。如学校、办公楼这些装置较多，它们单独设配电系统，如专用配线箱、插销座、线路等，和照明线路分开，并有明显的区别标志。

（5）防雷设施：高大建筑均设有防雷装置。如水塔、烟囱、高层建筑等在顶上部装有避雷针或避雷网，在建筑物四周地下还有接地装置埋入地下。

2. 电气施工图的内容

电气图也像土建图一样，需要正确、齐全、简明地把电气安装内容表达出来。一般由以下几方面的图纸组成：

（1）目录。一般与土建施工图同用一张目录表，表上注明电气图的名称、内容、编号顺序如电 1、电 2 等。

（2）电气设计说明。电气设计说明都放在电气施工图之前，说明设计要求。

1）电源来路，内外线路，强弱电及电气负荷等级；

2）建筑构造要求，结构形式；

3）施工注意事项及要求；

4）线路材料及敷设方式（明、暗线）；

5）各种接地方式及接地电阻；

6）需检验的隐蔽工程和电器材料等。

（3）电气规格做法表。主要是说明该建筑工程的全部用料及规格做法。

（4）电气外线总平面图。大多采用单独绘制，有的为节省图纸就在建筑总平面图上标志出电线走向，电杆位置就不单绘电气总平面图。如在旧有的建筑群中，原有电气外线均已具备，一般只在电气平面图上建筑物外界标出引入线位置，不必单独绘制外线总平面图。

（5）电气系统图。主要是标志强电系统和弱电系统连接的示意图，从而了解建筑物内的配电情况。图上标志出配电系统导线型号、截面、采用管径以及设备容量等。

（6）电气施工平面图。包括动力、照明、弱电、防雷等各类电气平面布置图。图上表明电源引入线位置，安装高度，电源方向；配电盘、接线盒位置；线路敷设方式、根数，各种设备的平面位置，电器容量、规格，安装方式和高度；开关位置等。

（7）电气大样图。凡做法有特殊要求的，又无标准件的，图纸上就绘制大样图，注出详细尺寸，以便制作。

3. 电气施工图看图步骤

（1）先看图纸目录，初步了解图纸张数和内容，找出自己要看的电气图纸。

（2）看电气设计说明和规格表，了解设计意图及各种符号的意思。

（3）顺序看各种图纸，了解图纸内容，并将系统图和平面图结合起来，弄清意思，在看平面图时应按房间有次序地阅读，了解线路走向，设备装置（如灯具、插销、机械等）。掌握施工图的内容后，才能进行制作及安装。

三、电气施工图识图方法

（1）熟悉电气图例符号，弄清图例、符号所代表的内容。常用的电气工程图例及文字符号可参见国家颁布的《电气图形符号标准》。

（2）针对一套电气施工图，一般应先按以下顺序阅读，然后再对某部分内容进行重点识读。

1）看标题栏及图纸目录：了解工程名称、项目内容、设计日期及图纸内容、数量等。

2）看设计说明：了解工程概况、设计依据等，了解图纸中未能表达清楚的各有关事项。

3）看设备材料表：了解工程中所使用的设备、材料的型号、规格和数量。

4）看系统图：了解系统基本组成，主要电气设备、元件之间的连接关系以及它们的规格、型号、参数等，掌握该系统的组成概况。

5）看平面布置图：如照明平面图、防雷接地平面图等。了解电气设备的规格、型号、数量及线路的起始点、敷设部位、敷设方式和导线根数等。平面图的阅读可按照以下顺序进行：电源进线总配电箱干线支线分配电箱电气设备。

6）看控制原理图：了解系统中电气设备的电气自动控制原理，以指导设备安装调试工作。

7）看安装接线图：了解电气设备的布置与接线。

8）看安装大样图：了解电气设备的具体安装方法、安装部件的具体尺寸等。

（3）抓住电气施工图要点进行识读。在识图时，应抓住要点进行识读，如：

1）在明确负荷等级的基础上，了解供电电源的来源、引入方式及路数；

2）了解电源的进户方式是由室外低压架空引入还是电缆直埋引入；

3）明确各配电回路的相序、路径、管线敷设部位、敷设方式以及导线的型号和根数；

4）明确电气设备、器件的平面安装位置。

（4）结合土建施工图进行阅读。电气施工与土建施工结合得非常紧密，施工中常常涉及各工种之间的配合问题。电气施工平面图只反映了电气设备的平面布置情况，结合土建施工图的阅读还可以了解电气设备的立体布设情况。

练　习　题

一、填空题

1. 电气施工图的内容主要包括_____七方面的图纸组成。

2. _____和_____是看电气平面图和系统图应先具备的知识。

二、选择题

1. 动力设备（　　）

A. 系指由电带动的机械设备，这些设备用电量大，并采用三相四线供电，设备外壳要有接地、接零装置。

B. 系指电炉（包括工厂大型电热炉），电烘箱，电熨斗等大小设备。

C. 它们是单独设配电系统，如专用配线箱、插销座、线路等，和照明线路分开，并有明显的区别标志。

2. 荧光灯被称为（　　）。

A. 白炽灯　　　　　B. 日光灯　　　　　C. 高压水银灯

第六单元　防雷接地与安全用电

模块一　建筑物防雷措施

学习目标
1. 熟悉雷电形成、分类和危害。
2. 掌握防雷电的措施方法。
3. 掌握防雷装置的技术要求。

一、雷电

雷电是自然界中的一种放电现象。

1. 雷电的形成

当带电荷云块接近地面时，由于静电感应，使大地感应出与雷云极性相反的电荷，当带电云块对地电场强度达到 25~30 kV/cm 时，周围空气绝缘被击穿，雷云对大地发生击穿放电。放电时出现强烈耀眼的弧光，就是我们平时看到的闪电。闪电通道中大量的正负电荷瞬间中和，造成的雷电流高达数百千安，这一过程称为主放电，主放电时间仅为 30~50 μs，放电波陡度高达 50 kA/μs，主放电温度高达 20 000℃。放电使周围空气急剧加热，骤然膨胀而发生巨响，这就是我们平时听到的雷声。闪电和雷声的组合我们称为雷电。雷电的特点是：电压高、电流大、频率高、时间短。

2. 雷电的分类

（1）直击雷。雷云对地面或地面上凸物的直接放电，称为直击雷，也叫雷击。

（2）感应雷击。感应雷击是地面物体附近发生雷击时，由于静电感应和电磁感应而引起的雷击现象。

（3）球雷。球雷是一种发红色或白色亮光的球体，直径多在 20 cm 左右，最大直径可达数米。它以每秒数米的速度，在空气中飘行或沿地面滚动。这种雷存在时间为 3~5 s，时间虽短，但能通过门、窗、烟囱进入室内。这种雷有时会无声消失，有时碰到人、牲畜或其他物体会剧烈爆炸，造成雷击伤害。

（4）雷电侵入波。当雷击于架空线路或金属管道上，产生的冲击电压沿线路或管道向两个方向迅速传播的雷击侵入波，称雷电侵入波。雷电侵入波的电压幅值越高，对人身或设备造成的危害就越大。

3. 雷电的危害

雷电的危害是多方面的。雷电放电过程中，可能呈现出静电效应、电磁感应、热效应及机械效应，对建筑物或电气设备造成危害。雷电流入大地时，对地面产生很高的冲击电位，对人体形成危险的冲击接触电压和跨步电压。人直接遭受雷击，危害极大。

（1）雷电的静电效应危害。当雷云对地面放电时，在雷击点主放电过程中，雷击点附近的架空线路、电气设备或架空管道上，由于静电感应过电压，过电压幅值可达几十万伏，使电气设备绝缘击穿，引起火灾或爆炸，造成设备损坏、人身伤亡。

（2）雷电的电磁效应危害。当雷云对地放电时，在雷击点主放电过程中，在雷击点附近的架空线路、电气设备或架空管道上，由于电磁感应产生电磁感应过电压，过电压幅值可达到几十万伏。使电气设备绝缘击穿，引起火灾或爆炸，造成设备损坏、人身伤亡。

（3）雷电的热效应危害。雷电通过导体时，雷电流很大，可达几十安至几百千安，在极短的时间内使导体温度达几万度，可使金属熔化，周围易燃物品起火燃烧，导致烧毁电气设备、烧断导线、烧伤人员、引起火灾。

（4）雷电的机械效应危害。强大的雷电流通过被击物时，被击物缝隙中的水分急剧受热气化，体积膨胀，使被击物品遭受机械破坏、击毁杆塔、建筑物，劈裂电力线路的电杆和横担等。

（5）雷电的反击危害。当避雷针、避雷带、构架、建筑物等在遭受雷击时，雷电流通过以上物体及接地装置泄入大地。由于以上物体及接地装置具有电阻，在其上产生很高的冲击电位。当附近有人或其他物体时，可能对人或物体放电，这种放电称为反击。雷击架空线路或空中金属管道时，雷电波可能沿以上物体侵入室内，对人身及设备放电，造成反击。反击对设备和人身都构成危险。

（6）雷电的高电位危害。当将雷电流引入大地时，在引入处地面上产生很高的冲击电位，人在其周围时，可能遭受冲击接触电压和冲击跨步电压而造成电击伤害。

二、雷电的预防

1. 防雷措施

（1）防止直接雷击的主要措施是装设避雷针、避雷线、避雷网、避雷带。

（2）防止静电感应过电压的措施是将建筑物内的金属设备、金属管路及结构的钢盘等给予接地。

（3）防止电磁感应过电压的措施是，对于平行管道的间距不到100 mm时，每隔20～30 m用金属导体跨接一次；交叉管道、管道与金属设备或金属结构间距小于100 mm用金属导体跨接。

（4）低压线路防止雷电波侵入的措施是，对于重要用户，采用直埋电缆配电，在进户处将电缆金属外皮接地，或由架空线路转经50 m以上的直埋电缆配电，在电缆和架空转接处装一组低压阀型避雷器，并将电缆金属外皮和绝缘子的铁脚一并接地。对于一般用户，当采用架空线进户时，将进户线横担、绝缘子的铁脚一并接地。若要保护直入式电度表，在进户处增设一组低压阀型避雷器。

（5）架空管道防雷电波侵入的主要措施是，在管道进口及邻近处100 m内，采取1～4处接地。该接地装置可与电气设备接地装置共用。

2. 防雷装置的组成

防雷装置由接闪器、引下线、接地装置三部分组成。

（1）接闪器。直接承受雷击的部件，称为接闪器。避雷针、避雷线、避雷网、避雷带、避雷器及一般建筑物和构筑物的金属屋面或混凝土屋面，均可作为接闪器。

（2）引下线。连接接闪器和接地装置的金属导体，称为引下线。引下线一般用圆钢或扁钢制作。

（3）接地装置。接地装置包括接地体和接地线。防雷接地装置与一般电气设备接地装置大体相同，所不同的只是所用材料比一般接地装置要大。

3. 防雷的原理

避雷针在强电场作用下产生尖端放电，形成向上先导放电；两者会合形成雷电通路，随之泻入大地，达到避雷效果。实际上，避雷针是引雷针，可将周围的雷电引来并提前放电，将雷电电流通过自身的接地导体传向地面，避免保护对象直接遭雷击。通俗地解释就是：避雷针的作用像雨伞为人们遮雨一样，覆盖着它一定范围内的建筑设施，一旦有雷电进入到了这个伞状的范围，雷电就会被避雷针吸引过来，再通过本体泄入大地，从而使伞状以下的建筑不被雷击。避雷针之外还有避雷线，它是通过防护对象的制高点向另外制高点或地面接引金属线的防雷电，它的防护作用等同于在弧垂上每一点都是一根等高的避雷针。后来发展了避雷带，就是在屋顶四周的女儿墙或屋脊、屋檐上安装金属带做接闪器来防雷电，即如你所说的那种。避雷带的防护原理与避雷线一样，由于它的接闪面积大，接闪设备附近空间电场强度相对比较强，更容易吸引雷电先导，使附近尤其比它低的物体受雷击的概率大大减少。再后来又发展了避雷网，分明网和暗网。明网是在避雷带的中间加敷金属线制成的网，然后通过截面积足够大的金属物与大地连接防雷电，用以保护建筑物的中间部位。暗网则是利用建筑物钢筋混凝土结构中的钢筋网进行雷电防护，只要每层楼的楼板内的钢筋与梁、柱、墙内的钢筋有可靠的电气连接，并与层台和地桩有良好的电气连接，形成可靠的暗网，则这种方法要比其他防护设施更为有效。

4. 防雷装置的安全要求

（1）对接闪器的要求

1）接闪器应按照被保护设备外形，做成不同的形状。避雷针为针状、避雷线为悬索状、避雷带为带状、避雷网为网状，避雷针和避雷线如图6—1所示。

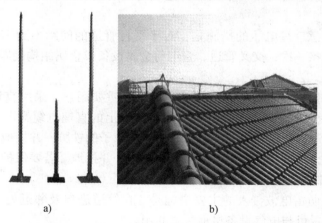

a)   b)

图6—1 接闪器实例

a）避雷针 b）避雷线

2）接闪器应采用钢件镀锌或涂漆，在腐蚀性较强的环境，应适当加大截面。

3）接闪器应满足机械强度、热稳定度、耐腐蚀的要求。

4）接闪器的材料与规格。

①避雷针一般选用镀锌圆钢或镀锌焊接钢管，其直径为：当针长 1 m 以下时，圆钢不小于 12 mm，钢管不小于 20 mm；当针长为 1~2 m 时；圆钢不小于 16 mm，钢管不小于25 mm；烟囱顶上的避雷针，圆钢不小于 20 mm。

②避雷线最初是采用了在输电线路上方架设平行的钢线避雷的方法，在使用中，由于它简单有效，逐步得到了推广。这种架设在输电线路上方的钢线，称为避雷线。后来在房屋建筑上也推广了这种形式，开始布设在方脊、屋角、房檐等处作雷电保护。

③避雷带。用扁平的金属带代替钢线接闪的方法称为避雷带，它是由避雷线改进而来。避雷网是指利用钢筋混凝土结构中的钢筋网作为雷电保护的方法，也叫作暗装避雷网。二者一般采用镀锌圆钢或镀锌扁钢，圆钢直径不小于 8 mm，扁钢截面不小于 48 mm^2，厚度不小于 4 mm。烟囱上的避雷环规格为：圆钢直径不小于 12 mm，扁钢截面不小于100 mm^2，厚度不小于 4 mm。避雷网网格一般为 6 m×6 m 或 10 m×10 m。

④避雷带、避雷网的架设高度，距屋面为 100~150 mm，固定点间间距为 1~1.5 m，过结构伸缩缝处留 100~200 mm 余量。

⑤突出建筑物和构筑物屋顶的金属管路和公用电视天线设施，均应与避雷带、避雷网作电气连接。

⑥当整个建筑物全部为钢筋混凝土结构时，应将建筑物内的各种竖向管道每三层与敷设在建筑物外墙内的一圈 φ12 mm 镀锌圆钢均压环相连接，均压环应与所有防雷装置的专用引下线相连接。

⑦当建筑物高度超过 30 m 时，30 m 以上部分应采取防侧击雷和等电位措施。

（2）对引下线的要求

1）应首先利用建筑物钢筋混凝土中柱内钢筋作为防雷引下线。

2）引下线应满足机械强度、热稳定性和耐腐蚀的要求。在腐蚀较强的场所应适当加大截面。

3）引下线一般采用镀锌圆钢或镀锌扁钢，其规格为：圆钢直径不小于 8 mm，扁钢截面不小于 48 mm^2，厚度不小于 4 mm；烟囱引下线，圆钢直径不小于 12 mm，扁钢截面不小于 100 mm^2，厚度不小于 4 mm。

4）引下线与接闪器应采用焊接，以保证电气通路。引下线与接地装置，当为一根引下线时采用焊接，当为多根引下线时，为便于测量接地电阻，在距地面 1.8 m 处，装设断接卡子。

5）引下线应沿建、构筑物明敷设，并应采用最短路径接地。当有美观要求时可暗敷，但截面应加大一级。

6）当利用建、构筑物钢筋混凝土柱内钢筋作为防雷引下线时，钢筋直径为 16 mm 及以上的应利用两根钢筋作为一组引下线；当钢筋直径为 10 mm 及以下时，应利用四根钢筋作为一组引下线。钢筋接头处采用绑扎或焊接。其上部与接闪器焊接，下部在室外地坪 0.8~1 m 处焊接出一根 φ12 mm 镀锌圆钢或 40 mm×4 mm 镀锌扁铁，此圆钢或扁铁伸向室外距外墙皮距离大于 1 m。

7）当专设引下线时，引下线数量不少于两根，间距不大于 18 m。利用建筑物柱内钢筋作为引下线时，根数没有规定，其间距为：一级防雷建筑不大于 18 m，二级防雷建筑不大于 20 m，三级防雷建筑不大于 25 m。但建筑物外廊各个角的柱筋应被利用。

8）引下线在地面以上 1.7 m 至地面下 0.3 m 处一段应加竹管、硬塑料管、角钢或钢管保护，采用钢管时应与引下线作电气连接。

（3）对接地装置的要求

1）对防雷接地装置的要求与一般电气设备接地装置要求相同。所不同的只是所用材料的最小尺寸应大于一般接地装置的最大尺寸。圆钢直径应不小于 10 mm；扁钢截面应不小于 100 mm^2；厚度应不小于 4 mm；角钢厚度应不小于 4 mm；钢管壁厚应不小于 3.5 mm。

2）接地体应采用镀锌件，焊接处应涂防锈漆。

3）垂直接地体长度一般为 2.5 m。为减少相邻接地体的屏蔽效应，垂直接地体间的距离和水平接地体之间的距离一般为 5 m。

4）接地体埋设深度不宜小于 0.6 m。

5）为防止跨步电压伤人，防雷接地装置与建筑物、构筑物出入口、人行道的距离应不小于 3 m，当条件不具备时，将水平接地体局部埋深不应小于 1 m，或在水平接地极与地面间铺以 50～80 mm 厚沥青绝缘层，或采用"帽檐式"等形式的均压带。

6）防雷接地装置的冲击接地电阻，根据防雷分类的不同而不同，应符合规程要求。一般冲击接地电阻不大于 10 Ω。

7）沿建筑物外面四周敷设成闭合环状的水平接地体，可埋设在建筑物散水及灰土基础以外的基础槽边。

8）独支避雷针应设置专用接地装置。其他防雷接地装置可与一般接地装置共用，接地电阻值应按两者中最小的确定。

9）防雷装置的接地电阻值，应在雷雨季节前进行测量。

练 习 题

一、填空题

1. 雷电的分类主要有_____、_____、_____、_____四类。

2. 防止直接雷击的主要措施是装设_____、避雷线、_____、_____。

3. 防雷装置由_____、_____、_____三部分组成。

二、选择题

1. 雷电的危害不包括哪种（   ）

A. 雷电的静电效应危害

B. 雷电的电磁效应危害

C. 雷电的热效应危害

D. 雷电的化学效应危害

2. 防雷措施不含下列哪项（   ）

A. 避雷针　　　B. 避雷线　　　C. 避雷圈　　　D. 避雷网

模块二　接地与接零

学习目标

1. 区分接地、接零方式。
2. 掌握各种接地方式的作用及应用场合。

一、工作接地

为了满足电力系统工作上的需要，将电气回路中的某一点进行接地，称为工作接地。例如变压器或发电机的中性点接地，其接地电阻值不大于 $4\ \Omega$。在低压电力系统中，工作接地的作用在于可以降低人体触电电压和迅速切除发生故障的电气设备。

二、保护接地（TT 系统）

为了防止电气设备绝缘损坏漏电而带来运行人员触电的危险，在正常运行情况下，将电气设备不带电的金属外壳通过接地装置与大地作良好的电气连接，称为保护接地。其接地电阻值不大于 $4\ \Omega$。

1. 基本原理

正常情况下人体电阻最低时为 $1\,000\ \Omega$ 左右，而保护接地电阻在 $4\ \Omega$ 及以下。当发生人体接触到漏电设备的金属外壳时，通过人体的电流很小，其绝大部分电流通过了接地电阻，这样降低了漏电设备对地电压，从而起到了保护人身安全的作用。

2. 适用场所

保护接地适用于三相三线制中性点不直接接地的电力系统，包括高压 10 kV 和三相三线 380 V 低压系统以及公用的三相四线中性点直接接地系统。

三、保护接零（TN 系统）

为了防止电气设备绝缘损坏漏电而带来对运行人员触电的危险，在正常运行情况下，将电气设备不带电的金属外壳与变压器引出的零线相连接，称为保护接零。

1. 基本原理

在保护接零系统中，当电气设备出现一相碰壳故障时，将会形成很大的单相短路电流。这个电流足以使电气设备的保护装置迅速动作，将故障电气设备切除，从而对人身安全起到了保护作用。

2. 适用场所

采用保护接零，适用于三相四线制中性点直接接地的电力系统中有由专用变压器供电的用户和配电小区。

在保护接零（TN）系统中，又分为 TN-C、TN-S 和 TN-C-S 系统。

（1）TN-C 配电系统。整个配电系统中，中性导体和保护导体是完全合一的。习惯上叫三相四线制保护接零配电系统，在该系统中，电气装置外露可导电部分和装置外可导电部分，均与 PEN 做电气连接，如图 6—2 所示。

（2）TN-S 配电系统。整个配电系统中，中性导体和保护导体是完全分开的，习惯叫法是三相五线制保护接零系统。在该系统中，中性导体应视为带电体，单相电路由中性导体构

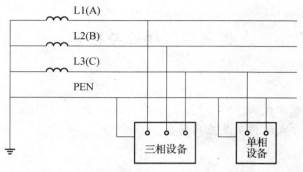

图 6—2　保护接零示意图 TN-C

成电气通路，三相电路由中性导体流过不平衡电流。而保护导体在正常情况下是不带电的，在该系统中，电气装置的外露可导电部分和装置外导电部分，只能和保护导体作电气连接，如图 6—3 所示。

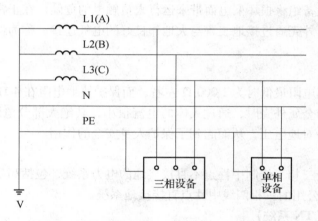

图 6—3　保护接零示意图 TN-S

（3）TN-C-S 配电系统。在整个配电系统中，一部分中性导体和保护导体是合一的；另一部分中性导体和保护导体是分开的，一般是在电源侧合一，在负荷侧分开，习惯上叫三相四线制变为三相五线制保护接零配电系统。在该系统中，电气系统外露可导电部分和装置外可导电部分在变前接 PEN，变后接 PE，如图 6—4 所示。

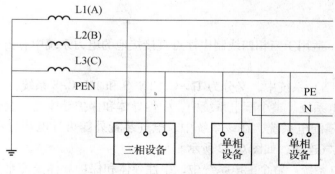

图 6—4　保护接零示意图 TN-C-S

提示：

    根据原有规程规定，在同一低压配电系统中，接地保护与接零保护不允许同时使用。也就是说，要么采用接地保护方式，要么采用接零保护方式。如果在同一低压配电系统中，有的电气设备采用保护接地，而有的电气设备采用保护接零。当采用保护接地的某一电气设备发生漏电时，其保护装置又未能及时动作，接地短路电流通过大地流向变压器的二次中性点，从而使 PEN 线对地电压升高，导致所有采用保护接零电气设备的金属外壳都带有危险电压，严重威胁人身安全。

四、重复接地

1. 重复接地

在保护接零系统中，除电源变压器的中性点工作接地外，为了防止保护接零线断线后触电危险，而在 PEN 线或 PE 上的一处或多处通过接地装置与大地再次作良好的电气连接，称为重复接地，如图 6—5 所示，其接地电阻值不大于 10 Ω。

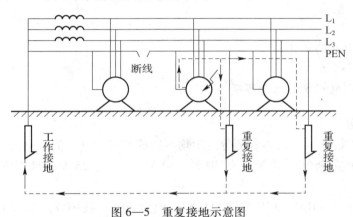

图 6—5　重复接地示意图

2. 重复接地作用

（1）降低漏电设备外壳的对地电压。没用重复接地时，漏电设备外壳对地电压近似等于相电压。有了重复接地后，漏电设备外壳对地电压仅为相电压的一部分。

（2）减轻零线断线的触电危险。有了重复接地后，一旦出现零线断线时，接在断线后面的所用电气设备的金属外壳对地电压，仅为零线上电压的一部分。当有人触及电气设备外壳时，虽然还有危险，但危险程度已大大降低。

（3）减轻和消除三相负荷严重不平衡时，零线上可能出现的对地电压。如果有重复接地，可以给三相不平衡电流提供一条通路，降低零线上可能出现的危险电压。

3. 应作重复接地的情况

（1）架空线路的拐角处、终端及沿线 1 km 处。

（2）分支线路的末端。

（3）电源线路引入到大型建筑的配电装置处。

（4）采用金属管配线时，应将零线和金属管连接在一起，并作重复接地。

（5）采用塑料管配线时，保护零线应单独敷设，并和零线相连接作重复接地。

练 习 题

填空题

1. _____ ，称为工作接地。

2. _____
_____ ，称为保护接地。

3. _____
_____ ，称为保护接零。

模块三　安全用电

学习目标

1. 熟悉安全电压的定义。

2. 掌握各种安全用具。

3. 掌握安全用电标志及注意事项。

一、安全电压

不带任何防护设备，对人体各部分组织均不造成伤害的电压值，称为安全电压。

世界各国对于安全电压的规定有 50 V、40 V、36 V、25 V、24 V 等，其中以 50 V、25 V 居多。

国际电工委员会（IEC）规定安全电压限定值为 50 V。我国规定 12 V、24 V、36 V 三个电压等级为安全电压级别。

在湿度大、狭窄、行动不便、周围有大面积接地导体的场所（如金属容器内、矿井内、隧道内等）使用的手提照明，应采用 12 V 安全电压。

凡手提照明器具，在危险环境、特别危险环境的局部照明灯，高度不足 2.5 m 的一般照明灯，携带式电动工具等，若无特殊的安全防护装置或安全措施，均应采用 24 V 或 36 V 安全电压。

二、安全用具

常用安全用具有绝缘手套、绝缘靴、绝缘棒三种。

1. 绝缘手套

由绝缘性能良好的特种橡胶制成，有高压、低压两种。

操作高压隔离开关和油断路器等设备、在带电运行的高压电器和低压电气设备上工作时，预防接触电压，如图 6—6 所示。

2. 绝缘靴

也是由绝缘性能良好的特种橡胶制成，带电操作高压或低压电气设备时，防止跨步电压对人体的伤害，如图 6—7 所示。

图 6—6　绝缘手套

图 6—7　绝缘靴

3. 绝缘棒

又称绝缘杆、操作杆或拉闸杆，用电木、胶木、塑料、环氧玻璃布棒等材料制成，结构如图 6—8 所示。主要包括：1 工作部分、2 绝缘部分、3 握手部分、4 保护环。

图 6—8　绝缘棒

三、学会看安全用电标志

明确统一的标志是保证用电安全的一项重要措施。统计表明，不少电气事故完全是由于标志不统一而造成的。例如由于导线的颜色不统一，误将相线接设备的机壳，而导致机壳带电，酿成触电伤亡事故。

标志分为颜色标志和图形标志。颜色标志常用来区分各种不同性质、不同用途的导线，或用来表示某处安全程度。图形标志一般用来告诫人们不要去接近有危险的场所。为保证安全用电，必须严格按有关标准使用颜色标志和图形标志。我国安全色标采用的标准，基本上与国际标准草案（ISD）相同。一般采用的安全色有以下几种：

1. 红色

用来标志禁止、停止和消防，如信号灯、信号旗、机器上的紧急停机按钮等都是用红色来表示"禁止"的信息，如图 6—9 所示。

2. 黄色

用来标志警告注意危险。如"当心触点""注意安全"等，如图 6—10 所示。

3. 绿色

用来标志安全无事，为提示标志。如"在此工作""已接地"等，如图 6—11 所示。

图 6—9　禁止标志

图6—10 警告标志

图6—11 提示标志

4. 蓝色

用来标志强制执行（命令标志），如"必须戴安全帽"等，如图6—12所示。

按照规定，为便于识别，防止误操作，确保运行和检修人员的安全，采用不同颜色来区别设备特征。如电气母线，A相为黄色，B相为绿色，C相为红色，明敷的接地线涂为黑色。在二次系统中，交流电压回路用黄色，交流电流回路用绿色，信号和警告回路用白色。

四、安全用电的注意事项

随着生活水平的不断提高，生活中用电的地方越来越多了。因此，我们有必要掌握以下最基本的安全用电常识：

1. 认识了解电源总开关，学会在紧急情况下关断总电源。

2. 不用手或导电物（如铁丝、钉子、别针等金属制品）去接触、探试电源插座内部。

3. 不用湿手触摸电器，不用湿布擦拭电器。

图6—12 命令标志

4. 电器使用完毕后应拔掉电源插头；插拔电源插头时不要用力拉拽电线，以防止电线的绝缘层受损造成触电；电线的绝缘皮剥落，要及时更换新线或者用绝缘胶布包好。

5. 发现有人触电要设法及时关断电源；或者用干燥的木棍等物将触电者与带电的电器分开，不要用手去直接救人；年龄小的同学遇到这种情况，应呼喊成年人相助，不要自己处理，以防触电。

6. 不随意拆卸、安装电源线路、插座、插头等。哪怕安装灯泡等简单的事情，也要先关断电源，并在家长的指导下进行。

五、家庭安全用电常识

1. 入户电源线避免过负荷使用，破旧老化的电源线应及时更换，以免发生意外。

2. 入户电源总保险与分户保险应配置合理，使之能起到对家用电器的保护作用。

3. 接临时电源要用合格的电源线、电源插头、插座要安全可靠。损坏的不能使用，电源线接头要用胶布包好。

4. 临时电源线临近高压输电线路时，应与高压输电线路保持足够的安全距离（10 kV 及以下 0.7 m；35 kV，1 m；110 kV，1.5 m；220 kV，3 m；500 kV，5 m）。

5. 严禁私自从公用线路上接线。

6. 线路接头应确保接触良好，连接可靠。

7. 房间装修，隐藏在墙内的电源线要放在专用阻燃护套内，电源线的截面应满足负荷要求。

8. 使用电动工具如电钻等，须戴绝缘手套。

9. 遇有家用电器着火，应先切断电源再救火。

10. 家用电器接线必须确保正确，有疑问应及时询问专业人员。

11. 家庭用电应装设带有过电压保护的调试合格的漏电保护器，以保证使用家用电器时的人身安全。

12. 家用电器在使用时，应有良好的外壳接地，室内要设有公用地线。

13. 湿手不能触摸带电的家用电器，不能用湿布擦拭使用中的家用电器，进行家用电器修理必须先停电源。

14. 家用电热设备，暖气设备一定要远离煤气罐、煤气管道，发现煤气漏气时先开窗通风，千万不能拉合电源，并及时请专业人员修理。

15. 使用电熨斗、电烙铁等电热器件。必须远离易燃物品，用完后应切断电源，拔下插销以防意外。

练 习 题

一、填空题

1. _____，称为安全电压。

2. 国际电工委员会（IEC）规定安全电压限定值为 __ V。我国规定 __ V、__ V、__ V 三个电压等级为安全电压级别。

3. 常用绝缘工具有_____、_____、_____三种。

4. 临时电源线临近高压输电线路时，应与高压输电线路保持足够的安全距离（10 kV 及以下____ m；35 kV，____ m；110 kV，____ m；220 kV，____ m；500 kV，____ m）。

二、判断题

1. 红色：用来标志禁止、停止和消防，如信号灯、信号旗、机器上的紧急停机按钮等都是用红色来表示"禁止"的信息。 （ ）

2. 黄色：用来标志安全无事。 （ ）

3. 绿色：用来标志注意危险。如"在此工作""已接地"等。 （ ）

4. 蓝色：用来标志强制执行，如"必须戴安全帽"等。 （ ）

5. 黑色：用来标志图像、文字符号和警告标志的几何图形。 （ ）

6. 入户电源线避免过负荷使用，破旧老化的电源线应及时更换，以免发生意外。 （ ）

7. 入户电源总保险与分户保险不相互影响，都能起到对家用电器的保护作用。 （ ）

8. 接临时电源要用合格的电源线、电源插头、插座要安全可靠。损坏的不能使用，电源线接头要用胶布包好。 （ ）

9. 可以私自从公用线路上接线。 （ ）

10. 使用电动工具如电钻等，须戴绝缘手套。遇有家用电器着火，应先切断电源再救火。 （ ）

模块四　接地装置

学习目标

1. 掌握接地体的选择与安装。
2. 掌握接地线的选择与安装。
3. 掌握接地装置的选择与巡视检查。

接地装置是埋设在地下的接地电极与由该接地电极到设备之间的连接导线的总称。接地装置由埋入土中的金属接地体（角钢、扁钢、钢管等）和连接用的接地线构成。按接地的目的，电气设备的接地可分为：工作接地、防雷接地、保护接地、仪控接地。

为了保证接地装置的安全可靠，应根据接地装置的材质对敷设方法、敷设形式、深度、连接等各方面提出具体要求。

一、接地体的选择与安装

1. 接地体的选择

接地体分为自然接地体和人工接地体，如图 6—13、图 6—14 所示。人工接地体又分为垂直接地体和水平接地体。

（1）交流电力设备的接地装置，在满足热稳定和机械强度的条件下应尽量利用自然接地体。自然接地体包括金属井管、与大地有可靠连接的建筑物的金属结构，人工构筑物及其他类似的金属管桩、柱、基础。在利用自然接地体时，应考虑到接地装置的可靠性，不能因自然接地体的变动而受影响。

图 6—13 人工接地体

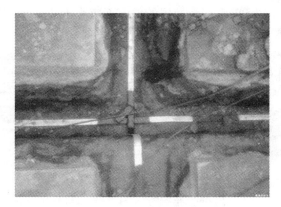

图 6—14 自然接地体

（2）禁止使用可燃性液体、气体管道以及供暖系统作为自然接地体。

（3）自然接地体的接地电阻符合规程要求时，可不再另设人工接地体。否则应另设人工接地体，直到接地电阻满足要求为止。

（4）当无自然接地体时，应采用人工接地体。人工接地体一般选用镀锌圆钢、角钢、扁钢、钢管。某些特殊场合，应采用铜接地体。

（5）人工接地体的截面应符合热稳定及均压的要求，并不小于表6—1所列数值。

表 6—1　　　　　　　　　　钢接地体和接地线的最小规格

种类、规格及单位		地上		地下	
		室内	室外	交流电流回路	直流电流回路
圆钢直径/mm		6	8	10	12
扁钢	截面积/mm²	60	100	100	100
	厚度/mm	3	4	4	6
角钢厚度/mm		2.0	2.5	4.0	6.0
钢管管壁厚度/mm		2.5	2.5	3.5	4.5

（6）直流电力设备的接地体，不应利用自然接地体。

（7）变配电所的接地装置，宜采用以水平接地体为主的人工接地网，并构成闭合环形。

（8）在地下不得使用裸铝导体作为接地体。

（9）接地体均应采用热镀锌件。在腐蚀性较强场所，应适当加大截面。

2. 接地体的安装

（1）接地体不应埋在垃圾、炉渣或含有能电解产生腐蚀性物质的土壤中，必要时可采取外引式接地装置或改良土壤的措施。

（2）接地体的布置应尽量减少接触电压和跨步电压。其形状根据安全、技术、地理位置等要求确定。接地体形状一般有条形、环形、放射形多种。

（3）变配电所或配电变压器的接地装置应作闭合环形。

（4）水平接地体埋设深度不应小于0.6 m，距建筑物距离不应小于3 m，水平相互间距按设计规定或大于5 m，以减少流散屏蔽。

（5）垂直接地体的长度不应小于 2.5 m，相互间距不应小于 5 m，以减少流散屏蔽，如图 6—15 所示。

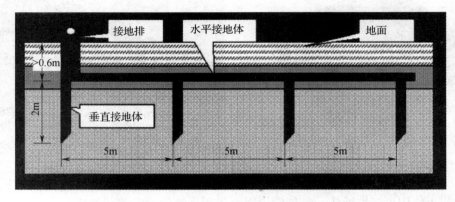

图 6—15　接地体的安装

（6）接地体在经过道路及出入口时，应采用帽檐式均压带作法或上面加沥青保护层，以减少接触电压和跨步电压。

（7）水平接地体与公路、铁路、管道交叉，穿过墙壁、楼板和地坪处应加钢管保护。

（8）接地体安装后，回填土不得夹有石块和建筑垃圾，外取土不得有腐蚀性，回填时应分层夯实，并培防沉层。

二、接地线的选择与安装

1. 接地线的选择

接地线分为人工接地导体和自然接地导体两类。自然接触地导体包括各种金属管道，金属构件，混凝土桩、柱，基础内的钢筋，接地线的选择需要注意下列几点。

（1）禁止使用可燃性液体、气体管道及供暖系统作为自然接地导体。

（2）不得使用金属蛇皮管、管道保护层的金属保护网外皮及电缆的金属铠装层做接地线。

（3）人工接地导体，一般选用镀锌扁钢、圆钢，也可采用铜、铝导线，埋在地下的接地线不允许采用铝线。移动式电气设备的接地线应采用裸软铜线。

（4）人工接地导体的截面应符合载流量、热稳定及单相接地时可靠保护动作的要求，当按表 6—2 选择接地线截面时，不必进行热稳定校验。

表 6—2　　　　　　　　　　　接地线最小截面积　　　　　　　　　　　mm²

装置的相线截面积	接地线及保护线最小截面积	装置的相线截面积	接地线及保护线最小截面积
$S \leq 16$	S	$S > 35$	$S/2$
$16 < S \leq 35$	16		

（5）埋入土中的接地线最小截面，应不小于表 6—3 所列规格。

表 6—3　　　　　　　　　　埋入土中的接地线最小截面积　　　　　　　　　mm²

有无防护	有防机械损伤保护	无防机械损伤保护
有防腐蚀保护的	按热稳定条件确定	铜 16、铁 25
无防腐蚀保护的	—	铜 25、铁 50

（6）低压电气设备地面上外露的铜、铝接地线最小截面积应符合表6—4所列规格。

表6—4　　　　　　　低压电气设备地面上外露的铜和铝接地线的最小截面积

名称	$S_{铜}/mm^2$	$S_{铝}/mm^2$
明敷的裸导线	4	6
绝缘导线	1.5	2.5
电缆的接地芯或与相线包在同一保护外壳内的多芯导线的接地芯线	1	1.5

2. 接地线的安装

（1）人工接地线不应埋在白灰、焦砟地面的屋内，否则应用水泥砂浆全面保护。

（2）人工接地线穿越建筑物时，应加保护管，过伸缩缝时，应留有适当裕度或采用软连接。

（3）人工接地线在与公路、铁路、管道交叉处及其他易受机械损伤的部位，应加钢管保护。

（4）室内暗敷（敷设在混凝土墙或砖墙内）的接地干线两端应有明露部分，并设置接线端子盒。

（5）室内明敷接地干线安装应符合下列要求：

1）应便于检查；

2）敷设位置不应妨碍设备的拆卸与检修；

3）接地线应水平敷设或垂直敷设，也可与建筑物倾斜结构平面敷设，在直线段不应有高低起伏及弯曲；

4）支持卡间的距离，水平敷设时应为0.5~1 m，垂直敷设时应为1.5~3 m，转弯部分应为0.3~0.5 m，水平敷设时距地面距离应为250~300 mm；接地线与建筑物墙面间距应为10~15 mm。在必要地方应增设带燕尾螺母的螺栓。

（6）明敷设接地干线表面应涂15~100 mm宽度相等的绿色和黄色相间的条纹。在每个导体的全部长度上，也可只在每个区间或每个可接触到的部位上作标志。

（7）在接地线引入建筑物入口处或检修用临时接地点处应刷白色底漆，标以黑色记号，符号为"⏚"。

三、接地装置的选择

1. 每个电气装置的接地，必须用单独的保护导体与接地干线相连接或用单独接地导体与接地体相连，禁止将几个电气装置接地部分串联后再与接地干线相连接。

2. 保护导体、接地线与电气设备、接地总母线或总接地端子应保证可靠的电气连接，当采用螺栓连接时，应采用镀锌件，并设防松螺母或防松垫圈。

3. 接地干线应在不同的两点以上与接地网相连接，自然接地体应在不同的两点以上与接地干线或接地网相连接。

4. 当利用电梯轨作接地干线时，应将其连成封闭回路。

5. 当接地体由自然接地体和人工接地体共同组成时，应分开设置断接卡子。自然接地体与人工接地体连接点应不少于两处。

6. 当采用自然接地体时，应在自然接地体的伸缩处或接口处加接跨接线，以保证良好的电气通路。跨接线规格应符合规程规定。

7. 接地装置的焊接应采用搭接法，最小搭接长度：扁钢为宽度的 2 倍，并三面施焊；圆钢为直径的 6 倍，并两个侧面施焊；圆钢与扁钢连接时，焊接长度为圆钢直径的 6 倍，两个侧面施焊。焊接必须牢固，焊缝应平直无间断、无夹渣、气泡；焊缝处应清除药皮后涂刷沥青防腐。

8. 直流系统的专用人工接地体，不得与自然接地体连接。

四、接地装置巡视检查及测量周期

1. 变配电所接地网，每年巡视检查，测量各一次。

2. 车间电气设备的接地线或接零线，每年至少巡视检查两次，每年测量一次。

3. 各种防雷接地装置，每年雷雨季节前检查一次，每两年测量一次。

4. 独立避雷针接地装置，每年雷雨季节前检查一次，每五年测量一次。

5. 手持电动工具的接地线或接零线，每次使用前检查一次，每两年测量一次。

6. 10 kV 以上线路的变压器工作接地装置，随线路检查，每两年测量一次。

练 习 题

一、填空题

1. 接地体分为＿＿＿＿接地体和＿＿＿＿接地体。＿＿＿＿接地体又分为＿＿＿＿接地体和水平接地体。

2. 水平接地体埋设深度不应小于＿＿ m，距建筑物距离不应小于＿＿ m，水平相互间距按设计规定或大于＿＿ m，以便减少流散屏蔽。垂直接地体的长度不应小于＿＿ m，相互间距不应小于＿＿ m，以便减少流散屏蔽。

3. 接地线分为＿＿＿＿接地导体和＿＿＿＿接地导体。＿＿＿＿接触地导体包括各种＿＿＿＿、＿＿＿＿、＿＿＿＿、＿＿＿＿、基础内的钢筋。

4. 支持卡间的距离，水平敷设时应为＿＿＿＿ m，垂直敷设时应为＿＿＿＿ m，转弯部分应为＿＿＿＿ m，水平敷设时距地面距离应为＿＿＿＿；接地线与建筑物墙面间距应为＿＿＿＿，在必要地方应增设带燕尾螺母的螺栓。

二、判断题

1. 当接地体由自然接地体和人工接地体共同组成时，应分开设置断接卡子。自然接地体与人工接地体连接点应不少于两处。 （   ）

2. 当采用自然接地体时，在其自然接地体的伸缩处或接口处加接跨接线，以保证良好的电气通路。跨接线规格应符合规程规定。 （   ）

3. 接地装置巡视检查及测量周期。变配电所接地网，每月巡视检查，测量各一次。
（   ）

4. 手持电动工具的接地线或接零线，每次使用前检查一次，每一年测量一次。 （   ）

5. 10 kV 及以上线路上变压器工作接地装置，随线路检查，每两年测量一次。 （   ）

模块五　接地电阻的测量

学习目标

1. 熟悉保护接地电阻的要求。

2. 掌握接地电阻的测量方法。

接地电阻系指接地体的流散电阻与接地线的电阻之和。保护接地的接地电阻系指工频接地电阻，即接地装置流过工频电流所呈现的电阻值。

一、保护接地电阻的要求

1. 在 TT、TN 配电系统中，电源中性点的系统接地（工作接地）电阻。

（1）当单台容量不超过 100 kW，或并联运行电气设备总容量不超过 100 kW 时，其接地电阻应小于 10 Ω。

（2）当单台容量超过 100 kW，或并联运行电气设备总容量超过 100 kW 时，其接地电阻应小于 4 Ω。

2. 在 IT、TT 配电系统中，电气设备外露可导电部分的保护接地电阻应小于 4 Ω。

3. 在 TN 配电系统中，重复接地电阻应小于 10 Ω。

4. 储存易燃油、气罐的防静电接地应小于 30 Ω。

5. 露天管道防感应过电压接地电阻应小于 10 Ω。

6. 当两种不同的接地共用一组接地极时，应选用最小值。

7. 电子设备的接地：单独接地时，接地电阻应小于 4 Ω；电子设备和防雷接地共用一组接地极时，其接地电阻应小于 1 Ω。

8. 电子计算机的接地和防雷接地共用一组接地极时，其接地电阻应小于 1 Ω。

9. 不同电压、不同用途用电设备各种接地，除另有规定外，宜采用一组共用接地装置。对其他非电力设备，除另有特殊要求外，也应采用共同的接地装置。其接地电阻应符合其中最小的电阻值。

10. 在具体实施中，应以设计图纸为准。

二、接地电阻的测量

接地电阻测试仪通常又称为接地摇表，是用来测量各种接地装置的接地电阻值的一种仪表。摇动时发出交流电而进行工作，这点和兆欧表摇动时发出直流电不同。从外观上看，接地电阻测试仪有三接线端子和四接线端子两种，它们的使用方法是一样的，只是端子的名称和接线方法略有区别。三接线端子接地电阻测试仪的端子名称是 C、P、E，四接线端子的名称是 C1、C2、P1、P2。

1. 接地电阻测试仪使用前的检查

（1）外观完好、无损。

（2）表针摆动应灵活、无卡堵现象。

（3）接线端子及金属连接片应齐全、完好。

（4）表的旋转钮转动灵活到位。

（5）表的摇把转动灵活，无滑脱现象。

（6）接地电阻测试仪，不做开路试验，只做短路试验。首先借助表上的机械调零器，将指针调至底盘上的中心线位置，然后用裸铜线将几个端子短接，将倍率挡旋钮置于将要使用的挡位，并开始以 120 r/min 的速度均匀摇动，同时转动刻度盘旋钮，使表针向底盘上的中心线趋近，直至使表针、刻度盘的"0"及底盘上的中心线三者重合。

2. 测试前的准备

（1）准备好经检查合格的接地电阻测试仪一块。

（2）连接导线 3 根（分别为 5 m、20 m、40 m 各一根）。

（3）接地钎子两根。

（4）锤子 1 把。

（5）测试人员两名。

3. 测试方法和步骤

（1）停电。

（2）断开接地装置与被保护设备的连接线。

（3）在距接地装置的 20 m、40 m 处向地面分别打入接地钎子两根。要求接地装置和两根钎子三点在一条直线上。

（4）按照图 6—16 进行接线（三接线端子为例，四接线端子将 P2 和 C2 短接即可）。

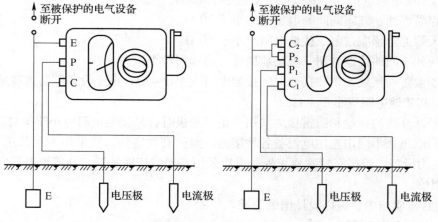

图 6—16　三接线端子、四接线端子接地电阻测量接线图

（5）将表平放，转动摇把维持在 120 r/min，同时调整刻度盘旋转（表针向右偏转，将刻度盘旋转钮向逆时针方向旋转，表针向左偏转，将刻度盘旋钮向顺时针方向旋转）。使表针向底盘中心趋近，若不能与底盘中心线重合，这时可调整倍率挡旋钮，再按上述方法进行测量，直至使表针与底盘上的中心线重合为止。

（6）读出刻度盘上的数值与倍率挡上倍率相乘，即为被测接地装置的接地电阻值。

例如：读数为 1.5，倍率挡上的倍率选择是 10，则接地装置的接地电阻为 $1.5 \times 10 = 15$（Ω）。

4. 测量时应注意的安全问题

（1）接地装置必须与被保护的电气设备断开连接线。

（2）接地装置和两根钎子，三点应保持在一条直线上。但这条直线不应于上方的架空线路或地下金属管线成平行敷设，以减少干扰和误差。

（3）雷雨天气不得测量防雷接地装置的接地电阻。

（4）接地电阻测试仪不允许做开路试验。

练 习 题

填空题

1. 接地电阻系_____。保护接地的接地电阻系指_____接地电阻，即接地装置流过_____所呈现的电阻值。

2. 当单台容量不超过 100 kW，或并联运行电气设备总容量不超过 100 kW 时，其接地电阻应小于_____Ω。当单台容量超过_____，或并联运行电气设备总容量超过 100 kW 时，其接地电阻应小于_____Ω。

3. 在 IT、TT 配电系统中，电气设备外露可导电部分的保护接地电阻应小于_____Ω。在 TN 配电系统中，重复接地电阻应小于_____Ω。

模块六　触电急救

学习目标

1. 熟悉触电的形式。

2. 知道影响人体触电危险程度的几种因素。

3. 掌握触电急救的方法。

一、人体在低压电力系统中触电的形式

在低压电力系统中，由于人体所处的环境不同及和带电体接触部位的不同，触点形式可以分为以下三种情况。

1. 单线触电形式

当人体站在地面上，身体的其他部位与带电相线接触时，即形成单线触电。触电电流路径是由相线的接触点→人体→大地→电源侧中性点接地装置→电源中性点，构成回路。此时人体承受 220 V 的电压，如图 6—17 所示。

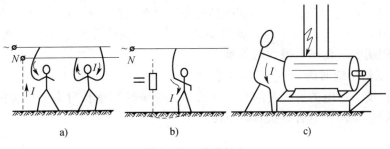

　　a)　　　　　　　　　　b)　　　　　　　　　　c)

图 6—17　单线触电

2. 两线触电形式

当人体站在地面上，身体的某一部位与带电相线接触、身体的另外一部位又与另一条带电相线接触，即形成了两线触电形式。触电电流路径有两条，其一是两接触点与电源之间形成的回路；其二是两接触点分别通过人体→大地→电源中性点接地装置→电源中性点构成回路。可见此时人体不但承受两线之间 380 V 的电压，还承受了相线对地 220 V 的电压，所以这种触电形式是十分危险的。因此在电气作业中为了保证安全，我们应该使用带绝缘柄的工具，穿绝缘鞋、戴手套、必要时戴绝缘手套、穿长袖衣服，防止人体与带电体直接接触，如图 6—18 所示。

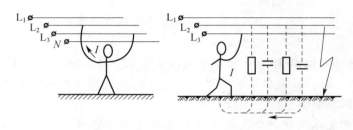

图 6—18 两线触电

3. 跨步电压触电形式

当采用接地保护的电气设备发生接地故障时，或架空线路的相线发生断线落在地面上的接地点，都会有接地故障电流向大地流散。这个电流称为地电流。在地面上沿着地电流方向的两个不同位置之间就会产生电压，当人两脚分别站在这两个位置时，就会受到该电压的作用，把这个电压称为跨步电压，由此造成的触电称为跨步电压触电。人体距接地故障点越远，跨步电压越低；距接地故障点越近，跨步电压越高。处理上述故障时应穿绝缘鞋；处理高电压接地故障时应穿绝缘靴。

二、影响人体触电危险程度的几种因素

1. 通过人体电流的大小

通过人体触电电流越大，对人体的危害程度越高。为了表达电流大小通过人体时造成的影响，可分为三种情况。

（1）感知电流的最小值平均为 1 mA。也就是说，有 1 mA 以上的电流通过人体时，就会有被触及物带电的感觉。

（2）摆脱的最大电流值，男女平均为 10 mA。也就是说，有不大于 10 mA 的电流通过人体时，人都有自主摆脱的能力。

（3）致命的最小电流值，也是引起人体心室颤动的电流，平均值一般为 50 mA。也就是说，通过人体的电流大于 50 mA 时，就可能会导致人体失去生命。当然这和触电时间的长短及心脏搏动周期的时刻还有很大的关系。

2. 触电电流的持续时间

触电危险程度与触电的持续时间有很大关系。持续时间越长对人体伤害的程度越严重，所以发生触电后，应使触电者尽快脱离电源。

3. 触电电流种类

在电气作业中经常接触到直流电和交流电。交流电又有各种不同的频率，它们会在人体触电过程中造成人体不同程度的伤害。大量的实验证明：常见的工频交流频率在 50~60 Hz 时，危险性最大，伤害程度也最高。

4. 触电电流途径

人体触电部位不同，流经心脏的电流也不同，流经心脏的电流越大，危险程度也越大。经分析统计，发生单线触电时，左手到脚的途径危害程度最大；发生两线触电、人体两部位触电时，左手到胸部的途径，危害程度最大。

5. 人体特征与触电危险程度的关系

由于人体状况的不同，相同条件下的触电所造成的危险程度也不同。男性比女性、体力劳动者比脑力劳动者、身体健康者比体弱多病者，成人比儿童，在相同条件下发生触电时，后者比前者触电时所造成的危险程度大。

三、触电急救的操作方法

1. 触电后脱离电源的方法

在低压电力系统中使触电者脱离电源的方法有以下几种：

（1）触电地点距控制开关较近时，可拉开关、拔插头。

（2）触电地点距控制开关较远时，可使用带绝缘柄的工具，切断电源线。

（3）可使用干燥的小棍、竹竿挑开电源线，但是须防止他人触电，如图6—19所示。

（4）在干燥的环境中，可拽住触电者的干燥衣服将其拖开电源，但不能触及触电者的皮肤。

（5）救护人员可采取脚下垫上干燥的绝缘材料，将触电者拖开电源。

图6—19 竹竿挑线

2. 急救方法

触电者脱离电源后，只要没有致命外伤，认为是假死，应立即进行现场抢救。并根据触电者的情况应采取以下步骤进行。

（1）若触电者尚有呼吸和心跳，此时不要围观，应将触电者抬到通风地点，令其自然恢复，并应加强观察。

（2）如果通过观察和触试，确认胸腔无起伏、无呼吸声、无脉搏，应迅速清除触电者口内异物，采用手取或口吸的方法将异物排出，同时解开衣领，松开腰带，穿紧身衣服者用剪刀剪开，然后进行口对口人工呼吸和胸外心脏按压。

口对口人工呼吸法是将触电者仰卧、头部尽量后仰，救护人员用一只手捏住触电者的鼻孔，另一只手掰开下颌，口对口，吹2次，放松3 s，每5 min完成一次人工呼吸，每分钟进行12次左右，边做边观察触电者的胸部（应有起伏），直至有了自主呼吸为止。其操作示意如图6—20所示。

胸外心脏按压法让触电者仰卧在地面上，救护人员跪在其一侧，两掌相叠，肘关节不能弯曲，放在触电者胸骨的下三分之一处，利用救护人员的身体重量前倾下压，下压深度3~

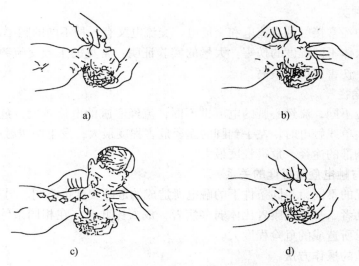

图6—20　口对口人工呼吸操作示意图
a）头部后仰　b）捏鼻掰嘴　c）贴紧吹气　d）放松换气

5 cm，以每分钟60次左右的均匀速度进行。边做边观察触电者有无眨眼动作，嘴唇有无颤动，有无吞咽动作，也可利用手触试颈动脉有无脉搏，若有反应，说明施救有效，应继续观察抢救，如图6—21所示。

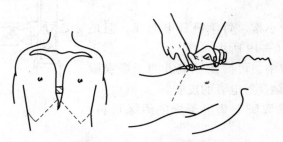

图6—21　胸外心脏按压法

在急救过程若只有一人施救，可采用先行口对口呼吸2次，然后进行胸外心脏按压15次，两种方法反复交替进行。若两人施救时，可由其中一人口对口人工呼吸1次，另一人进行胸外心脏按压5次，两人轮换反复进行。

3. 急救过程中应注意的安全问题

（1）救护人员在施救全过程中应保证自身安全。

（2）在使触电者脱离电源过程中，防止二次伤害。

（3）若有非致命外伤需要处理时，不应影响急救工作，须两者同时进行。

（4）急救过程不能中断，应连续进行，直至送到医院处理。

（5）在抢救过程中不能打强心针。

（6）夜间发生触电事故，应迅速解决现场照明，防止扩大触电事故。

练 习 题

一、填空题

1. 在低压电力系统中，由于人体所处的环境不同及和带电体接触部位的不同，触电形式可以分为_____、_____、_____三种情况。

2. 影响人体触电伤害程度的几种因素包括_____、_____、_____、_____、_____等。

二、选择题

1. 口对口人工呼吸法是将触电者仰卧、头部尽量后仰，救护人员用一只手捏住触电者的鼻孔，另一只手掰开下颌，口对口，吹（　　）次，放松（　　）秒，每（　　）分钟完成一次人工呼吸。

A. 2，3，5　　　　　　B. 3，2，5　　　　　　C. 5，2，3　　　　　　D. 2，5，3

2. 触电后脱离电源的方法中，可使用干燥的（　　）挑开电源线。

A. 小棍、竹竿　　　　B. 铁棍　　　　　　C. 铝棍　　　　　　D. 铜棍

第七单元　模拟电路

模块一　常用电子元器件

学习目标
1. 掌握二极管等常用电子元器件的电路符号、分类及工作特性。
2. 能正确识别二极管等常用电子元器件并正确说出名称。

一、电阻与电位器

电阻在电子产品中是一种必不可少的、用途广泛的元件。它的种类繁多，形状各异，分类方法各有不同，常见电阻如图7—1所示，常见电阻器的特点见表7—1所示。

　碳膜电阻　　　　金属膜电阻　　　　绕线电阻　　　　水泥电阻

图7—1　常见电阻

表7—1　　　　　　　　　　　　　　　常见电阻的特点

类型	实物图	优点	缺点
碳膜电阻	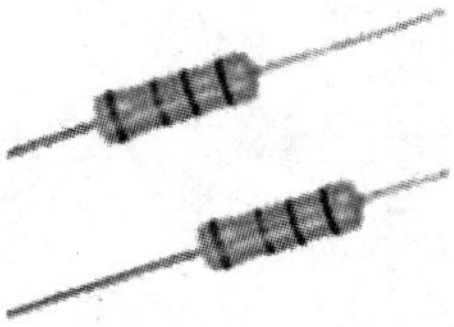	制作简单，成本低	稳定性差，噪声大、误差大
金属氧化膜电阻	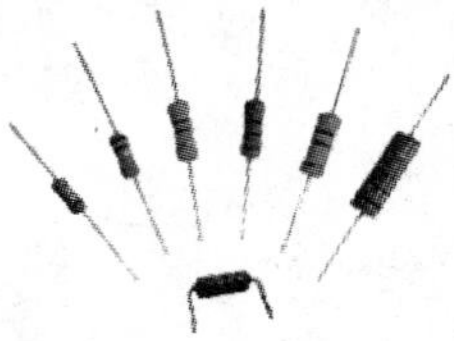	体积小、精度高、稳定性好、噪声小、电感量小	成本高
绕线电阻	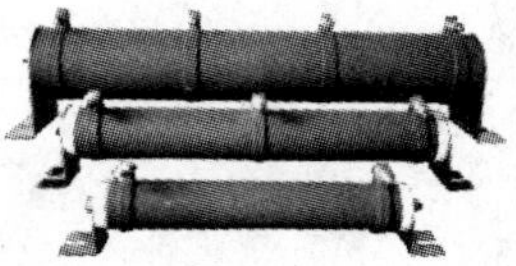	功率大	有电感，体积大，不宜作阻值较大的电阻

类型	实物图	优点	缺点
水泥型绕线电阻	 	功率大	有电感，体积大，不宜作阻值较大的电阻

1. 电阻的主要特性参数

（1）标称阻值。电阻器上面所标示的阻值。

（2）允许误差。标称阻值与实际阻值的差值跟标称阻值之比的百分数表示称阻值偏差，它表示电阻器的精度。允许误差与精度等级对应关系如下：±0.5%—0.05、±1%—0.1（或00）、±2%—0.2（或0）、±5%—Ⅰ级、±10%—Ⅱ级、±20%—Ⅲ级。

（3）额定功率。在正常的大气压力 90～106.6 kPa 及环境温度为−55℃～+70℃的条件下，电阻器长期工作所允许耗散的最大功率。

线绕电阻器额定功率系列为（W）：1/20、1/8、1/4、1/2、1、2、4、8、10、16、25、40、50、75、100、150、250、500。

非线绕电阻器额定功率系列为（W）：1/20、1/8、1/4、1/2、1、2、5、10、25、50、100，图 7—2 为常用电阻的额定功率标识。

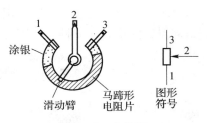

| 0.125W | 0.25W | 0.5W | 1W |

图 7—2　常用电阻的额定功率标识

（4）额定电压。由阻值和额定功率换算出的电压。

（5）最高工作电压。允许的最大连续工作电压。在低气压工作时，最高工作电压较低。

2. 电位器的结构

电位器是一种可调的电子元件。它是由一个电阻体和一个转动或滑动系统组成。典型电位器基本结构如图 7—3 所示：由电阻体、滑动臂、转轴、外壳和焊片构成。通常，它有三个引出端，其中 1、3 两端电阻值最大，12、23 之间的电阻值可以通过与转轴相连的簧片位置不同而加以改变。其余引出端则是起固定或者接地的作用。

图 7—3　电位器

3. 电位器的作用

电位器的主要用途是在电路中作分压器或变阻器。用作电压电流的调节。在收音机中作音量、音调控制，在电视机中用作音量、亮度、对比度控制等。

4. 标注方法及性能测量

（1）直标法：电位器一般均采用直标法，在电位器外壳上用字母和数字标志着它们的型号、标称功率、阻值、阻值与转角间的关系等。

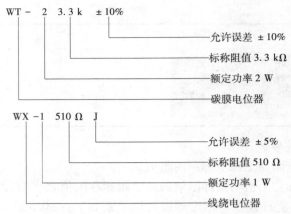

WT － 2 3.3k ±10%

允许误差 ±10%
标称阻值 3.3 kΩ
额定功率 2 W
碳膜电位器

WX －1 510 Ω J

允许误差 ±5%
标称阻值 510 Ω
额定功率 1 W
线绕电位器

（2）文字符号法：例如，4K7 表示 4.7 kΩ，如图 7—4 所示。

（3）数码法：前两位是有效数字，第三位是指数，即零的个数。单位是 Ω，例如，223 表示 22 kΩ。如图 7—5 所示。

图 7—4　文字符号法

图 7—5　数码法

二、电容器

电容器是电子设备中大量使用的电子元件之一，广泛应用于隔直、耦合、旁路、滤波、调谐回路、能量转换、控制电路等方面。常见的电容如图 7—6 所示。

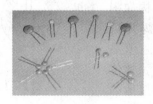

图 7—6　常见电容

电容器用符号 C 表示，电容单位为法拉（F），其他单位关系如下：

1 F = 1 000 mF，1 mF = 1 000 μF，1 μF = 1 000 nF，1 nF = 1 000 pF

1. 电容器的图形符号

电容器的符号如图 7—7 所示。

2. 电容器的分类

按照结构分三大类：固定电容器、可变电容器和微调电容器。

按电介质分类有：有机介质电容器、无机介质电容器、电解电容器和空气介质电容器等。

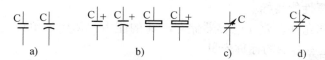

图7—7 电容器符号

a) 无极性电容 b) 有极性电容 c) 可调电容 d) 微调补偿电容

按用途分有：高频旁路、低频旁路、滤波、调谐、高频耦合、低频耦合、小型电容器。

小型电容：金属化纸介电容器、陶瓷电容器、铝电解电容器、聚苯乙烯电容器、固体钽电容器、玻璃釉电容器、金属化涤纶电容器、聚丙烯电容器、云母电容器。

3. 常用电容器

常用电容的结构和特点如表7—2所示。

表7—2   常用电容的结构和特点

电容种类	电容结构和特点	实物图片
铝电解电容	它是由铝圆筒作负极，里面装有液体电解质，插入一片弯曲的铝带做正极制成。还需要经过直流电压处理，使正极片上形成一层氧化膜做介质。它的特点是容量大，但是漏电大，误差大，稳定性差，常用作交流旁路和滤波，在要求不高时也用于信号耦合。电解电容有正、负极之分，使用时不能接反	
陶瓷电容	用陶瓷作介质，在陶瓷基体两面喷涂银层，然后烧成银质薄膜做极板制成。它的特点是体积小、耐热性好、损耗小、绝缘电阻高，但容量小，适宜用于高频电路 铁电陶瓷电容容量较大，但是损耗和温度系数较大，适宜用于低频电路	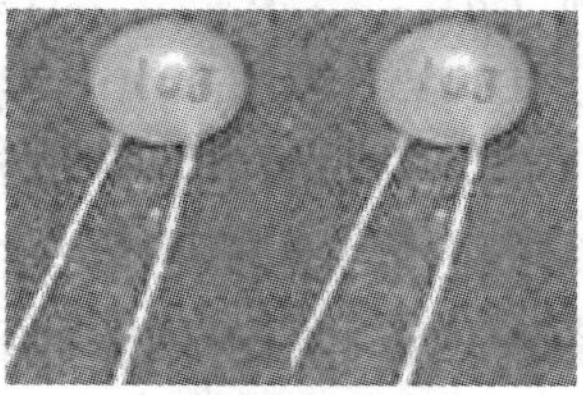
云母电容	用金属箔或者在云母片上喷涂银层作电极板，极板和云母一层一层叠合后，再压铸在胶木粉或封固在环氧树脂中制成。它的特点是介质损耗小，绝缘电阻大、温度系数小，适宜用于高频电路	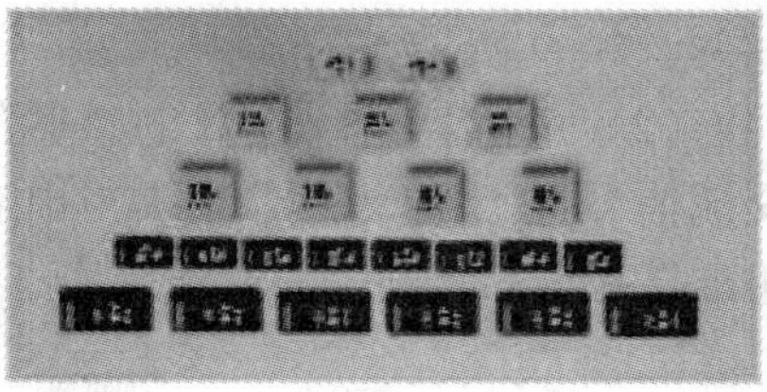
钽、铌电解电容	它用金属钽或者铌作正极，用稀硫酸等配液作负极，用钽或铌表面生成的氧化膜做介质制成。它的特点是体积小、容量大、性能稳定、寿命长、绝缘电阻大、温度特性好。用在要求较高的设备中	

4. 电容器的主要性能指标

（1）标称容量和允许误差。电容器储存电荷的能力，常用的单位是 F、μF、pF。电容器上标有的电容数是电容器的标称容量。

（2）额定工作电压。在规定的工作温度范围内，电容长期可靠地工作时能承受的最大直流电压，就是电容的耐压，也叫作电容的直流工作电压。如果在交流电路中，要注意所加的交流电压最大值不能超过电容的直流工作电压值。

（3）绝缘电阻。由于电容两极之间的介质不是绝对的绝缘体，它的电阻不是无限大，而是一个有限的数值，一般在 1 000 MΩ 以上，电容两极之间的电阻叫作绝缘电阻，或者叫作漏电电阻，大小是额定工作电压下的直流电压与通过电容的漏电流的比值。漏电电阻越小，漏电越严重。电容漏电会引起能量损耗，这种损耗不仅影响电容的寿命，而且会影响电路的工作。因此，漏电电阻越大越好。

（4）介质损耗。电容器在电场作用下消耗的能量，通常用损耗功率和电容器的无功功率之比，即损耗角的正切值表示。损耗角越大，电容器的损耗越大，损耗角大的电容不适于高频情况下工作。

三、电感

当线圈通过电流后，在线圈中形成磁场，当通过线圈的电流发生变化时，线圈中又会产生感应电流来抵制通过线圈中的电流变化。我们把这种电流与线圈的相互作用关系称为线圈的感抗，也就是电感，单位是"亨利"（H）。

电感线圈是由导线一圈靠一圈地绕在绝缘管上，导线彼此互相绝缘，而绝缘管可以是空心的，也可以包含铁芯或磁粉芯，简称电感。用 L 表示，单位有亨利（H）、毫亨利（mH）、微亨利（μH），$1 \text{ H} = 10^3 \text{ mH} = 10^6 \text{ μH}$。

1. 电感器的作用与图形符号

（1）电感器的电路图形符号。电感器是用漆包线、纱包线或塑皮线等在绝缘骨架或磁芯、铁芯上绕制成的一组串联的同轴线匝，它在电路中用字母"L"表示，电感的实物图和图形符号如图7—8、7—9所示。

（2）电感器的作用。电感器的主要作用是对交流信号进行隔离、滤波或与电容器、电阻器等组成谐振电路。

图 7—8　电感实物图

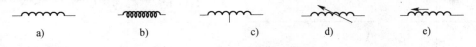

图 7—9　电感器图形符号

a）固定值（开环形式）　b）固定值（闭环形式）　c）带抽头的
d）可变值（风格1）　e）可变值（风格2）

2. 电感器的结构与特点

电感器一般由骨架、绕组、屏蔽罩、封装材料、磁芯或铁芯等组成。

（1）骨架。骨架泛指绕制线圈的支架。一些体积较大的固定式电感器或可调式电感器

（如振荡线圈、阻流圈等），大多数是将漆包线（或纱包线）环绕在骨架上，再将磁芯或铜芯等装入骨架的内腔，以提高其电感量。

（2）绕组。绕组是指具有规定功能的一组线圈，它是电感器的基本组成部分。

绕组有单层和多层之分。

（3）磁芯与磁棒。磁芯与磁棒一般采用镍锌铁氧体（NX 系列）或锰锌铁氧体（MX 系列）等材料，它有"工"字形、柱形、帽形、"E"形、罐形等多种形状。

（4）铁芯。铁芯材料主要有硅钢片、坡莫合金等，其外形多为"E"型。

（5）屏蔽罩。为避免有些电感器在工作时产生的磁场影响其他电路及元器件正常工作，就为其增加了金属屏幕罩（例如半导体收音机的振荡线圈等）。采用屏蔽罩的电感器，会增加线圈的损耗。

（6）封装材料。有些电感器（如色码电感器、色环电感器等）绕制好后，用封装材料将线圈和磁芯等密封起来。封装材料采用塑料或环氧树脂等。

3. 电感器的种类

（1）**按结构分类**：电感器按其结构的不同可分为线绕式电感器和非线绕式电感器（多层片状、印刷电感等），还可分为固定式电感器和可调式电感器。

（2）**按贴装方式分类**：有贴片式电感器，插件式电感器。

（3）**按工作频率分类**：电感按工作频率可分为高频电感器、中频电感器和低频电感器。

（4）**按用途分类**：电感器按用途可分为振荡电感器、校正电感器、显像管偏转电感器、阻流电感器、滤波电感器、隔离电感电感器、被偿电感器等。

四、继电器

继电器是一种当输入量（电、磁、声、光、热）达到一定值时，输出量将发生跳跃式变化的自动控制器件。它是具有隔离功能的自动开关元件，广泛应用于遥控、遥测、通信、自动控制、机电一体化及电力电子设备中，是最重要的控制元件之一。作为控制元件，概括起来，继电器有如下几种作用：

（1）扩大控制范围。

（2）放大。

（3）综合信号。

（4）自动、遥控、监测。

如图 7—10 所示，当控制电路中的开关 K 闭合时，电磁铁便具有磁性，将衔铁吸下，使继电器触点接触，与触点相连接的电源电路便接通；当控制开关 K 断开时，电磁铁的磁性被撤销，继电器触点弹开，电源电路亦随之断开。

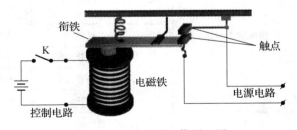

图 7—10　继电器工作原理图

五、晶体二极管

普通二极管一般为圆柱形，有两个电极，外壳封装有玻璃、塑料和金属等，常见的二极管外形如图 7—11 所示。

二极管的外壳上一般有一个不同颜色的环，用来表示负极；也有的二极管正、负极引脚形状不同，可以此区分它的正负极，一般带螺纹的一端为负极，另一端为正极。

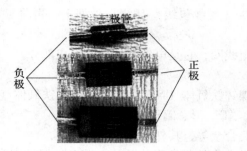
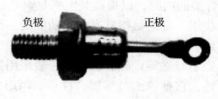

图 7—11　常见的二极管外形

1. 结构和符号

二极管的结构如图 7—12a 所示，符号如图 7—12b 所示，文字符号是 VD。

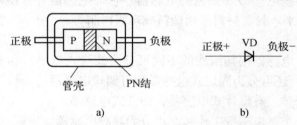

a)   b)

图 7—12　二极管的结构和符号

2. 类型

二极管的分类方法很多，见表 7—3 所示。

表 7—3　　　　　　　　　　　　　　　　　　二极管的种类

分类方法	种类	说明
按材料不同分	硅二极管	硅材料二极管，常用二极管
	锗二极管	锗材料二极管
按用途不同分	普通二极管	常用二极管
	整流二极管	主要用于整流
	稳压二极管	常用于直流电源
	开关二极管	专门用于开关的二极管，常用于数字电路
	发光二极管	能发出可见光，常用于指示信号
	发电二极管	对光有敏感作用的二极管
	变容二极管	常用于高频电路
按外壳封装的材料不同分	玻璃封装二极管	检波二极管一般采用这种封装材料
	塑料封装二极管	大量二极管都采用这种封装材料
	金属封装二极管	大功率整流二极管一般采用这种封装材料

3. 二极管的型号命名方法

二极管品种很多，特性不一，为便于区别和选择，每种二极管都有一个型号。按照国家标准 GB 249—1989 的规定，国产二极管的型号一般由五部分组成，见图 7—13。

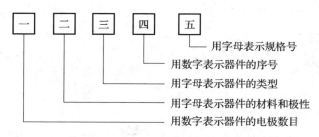

图 7—13　二极管的型号命名

二极管型号查询见表 7—4。

表 7—4　　　　　　　　　　　　　二极管的型号的意义

第一部分		第二部分		第三部分		第四部分	第五部分
用数字表示器件的电极数目		用字母表示器件的材料和极性		用字母表示器件的类型		用数字表示器件序号	用字母表示规格号
符号	意义	符号	意义	符号	意义		
2	二极管	A	N型，锗材料	P	普通管		
		B	P型，锗材料	W	稳压管		
		C	N型，硅材料	Z	整流管		
		D	P型，硅材料	K	开关管		
				V	微波管		
				C	参量管		
				L	整流堆		
				S	隧道管		
				N	阻尼管		
				U	光电器件		

4. 二极管特性

单向导电性——正偏导通，反偏截止。验证二极管的单向导电性，可以如图 7—14 所示，取二极管、灯泡、电池进行连接。图 a 电路连接后，小灯泡发光，图 b 电路连接后，小灯泡不亮。

5. 二极管伏安特性曲线

伏安特性曲线常用来直观描述电子元件的特性。二极管伏安特性曲线，就是反映加到二极管两端的电压和流过二极管的电流之间的关系，如图 7—15 所示。

六、三极管

晶体三极管可简称为三极管或晶体管。它的应用十分广泛，在电子电路中是主要的器件之一，常见三极管如图 7—16 所示。

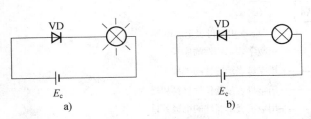

图7—14 二极管单向导电特性
a）正偏导通 b）反偏截止

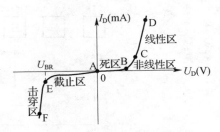

图7—15 二极管的伏安特性曲线

图7—16 常见三极管

1. 三极管的结构

三极管由3个区、2个结、3个极构成，内部结构如图7—17所示。

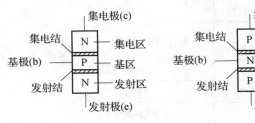

图7—17 三极管的结构

中间一层叫基区；上边一层叫集电区；下边一层叫发射区。基区和集电区之间的 PN 结叫集电结；基区和发射区之间的 PN 结叫发射结。从各区引出三个电极，分别叫基极、集电极、发射极。

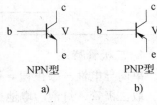

图7—18 三极管符号

2. 图形符号

三极管有 PNP 型和 NPN 型两种，符号如图7—18所示，图 a 为 NPN 型三极管符号，图 b 为 PNP 型三极管符号。

3. 类型

三极管的分类方法很多，见表7—5所示。

4. 三极管的型号命名方法

各种三极管都有自己的型号，按照国家标准 GB 249—1989 的规定，国产三极管的型号也是由五部分组成，如图7—19所示。

表 7—5　　　　　　　　　　　　　　　　　　　三极管的种类

分类方法	种类	应用
按极性分	NPN 型三极管	目前常用的三极管，电流从集电极流向发射极
	PNP 型三极管	电流从发射极流向集电极
按材料分	硅三极管	热稳定性好，是常用的三极管
	锗三极管	反向电流大，受温度影响较大，热稳定性差
按工作频率分	低频三极管	工作频率比较低，用于直流放大、音频放大电路
	高频三极管	工作频率比较高，用于高频放大电路
按功率分	小功率三极管	输出功率小，用于功率放大器末前级等
	大功率三极管	输出功率大，用于功率放大器末级（输出级）
按用途分	放大管	应用在模拟电子电路中
	开关管	应用在数字电子电路中

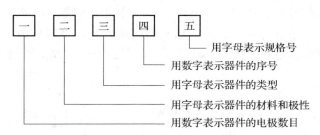

图 7—19　三极管的型号命名

三极管型号查询见表 7—6。

表 7—6　　　　　　　　　　　　　　　　　　三极管的型号的意义

第一部分		第二部分		第三部分		第四部分	第五部分
用数字表示 器件的电极数目		用字母表示 器件的材料和极性		用字母表示 器件的类型		用数字表示 器件序号	用字母表示 规格号
符号	意义	符号	意义	符号	意义		
3	三极管	A	PNP 型，锗材料	G	高频小功率管		
		B	NPN 型，锗材料	X	低频小功率管		
		C	PNP 型，硅材料	A	高频大功率管		
		D	NPN 型，硅材料	D	低频大功率管		
		E	化合物材料	T	闸流管		

第一部分		第二部分		第三部分		第四部分	第五部分
用数字表示 器件的电极数目		用字母表示 器件的材料和极性		用字母表示 器件的类型		用数字表示 器件序号	用字母表示 规格号
符号	意义	符号	意义	符号	意义		
				K	开关管		
				V	微波管		
3	三极管			B	雪崩管		
				J	阶跃 恢复管		
				U	光敏管 （光电管）		

5. 三极管构成的三种放大电路

放大电路在放大信号时，总有两个电极作为信号的输入端，同时也应有两个电极作为输出端。根据三极管三个电极与输入、输出端子的连接方式，可归纳为三种：共发射极电路、共基极电路以及共集电极电路。图 7—20 所示的就是这三种电路的连接方法。

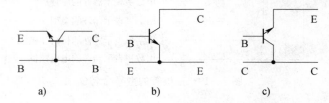

图 7—20　三种放大电路
a）共基极　b）共发射极　c）共集电极

这三种电路的共同特点是，它们各有两个回路，其中一个是输入回路，另一个是输出回路，并且这两个回路有一个公共端，而公共端是对交流信号而言的。它们的区别在于：共发射极电路管子的发射极是公共端，信号从基极与发射极之间输入，而从集电极和发射极之间输出；共基极电路则以基极作为输入、输出端的公共端；共集电极电路则以集电极作为输入、输出的公共端，因为它的输出信号是从发射极引出的，所以又把共集电极放大电路称为射极输出器。

6. 三极管的特性曲线

三极管接成共发射极电路时，组成两个回路，一个是输入回路，一个是输出回路。描述这两个回路的电压和电流的关系，需要两组特性曲线。

三极管的伏安特性曲线可以用晶体管特性图示仪直接进行测量，也可以用图 7—21 所示电路作图。

（1）输入特性曲线。在输入回路中基极电流 I_B 和发射结两端的电压 U_{BE} 之间的关系曲线。三极管输入特性曲线如图 7—22 所示。

（2）输出特性曲线。在输出回路中，集电极电流 I_C 与集电极—发射极电压 U_{CE} 的关系曲线。三极管输出特性曲线如图 7—23 所示。

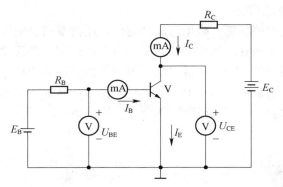

图 7—21　共发射极放大电路

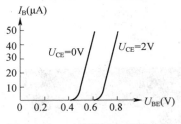

图 7—22　三极管输入特性曲线

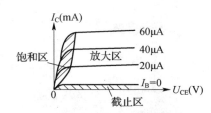

图 7—23　三极管输出特性曲线

在应用中，常把输出特性曲线族分为三个工作区，即截止区、饱和区和放大区。它们分别对应于三极管的三种工作状态。三极管工作在不同的区域时，具有不同的特性。

截止区。一般把 $I_B \leqslant 0$ 时所对应的区域叫作截止区。在这个区域发射结、集电结都处于反偏状态，$I_B = 0$、$I_C = 0$、$I_E = 0$。

饱和区。把 $U_{CE} = U_{BE}$ 左边的区域称作饱和区。在这个区域发射结、集电结都处于正偏状态，I_C 不受 I_B 的控制，U_{CE} 稍增加，I_C 随之增加，在饱和区三极管失去了电流放大作用。

放大区。把各条输出曲线的平直部分所组成的区域称作放大区。在放大区，三极管发射结正偏、集电结反偏。I_C 受 I_B 的控制，三极管具有电流放大作用。

七、晶闸管

利用晶闸管的可控功能可实现弱电对强电的控制，加之晶闸管具有体积小、重量轻、效率高、控制灵活等优点，晶闸管可用于下列过程。

①可控整流：将交流电转换成可调的直流电。

②逆变器：将直流电转换成交流电。

③变频：将一种频率的交流电转换成另一种频率或频率可调的交流电。

④交流调压：将固定的交流电压转换成有效值可调的交流电压。

⑤斩波：将固定的直流电压转换成平均值可调的直流电压。

⑥无触点通断：制作无触点开关，代替交流接触器实现通断控制。

晶闸管技术在电源装置、电力牵引、电力传动、家用电器等生产领域得到了广泛应用。晶闸管的额定电压达数 kV，额定电流达数 kA。晶闸管属于半导体器件，也有过载能力较差、控制电路复杂的特点。

1. 晶闸管的工作原理和特性

晶闸管种类很多。按照功能，除单向晶闸管外，还有双向晶闸管、光控晶闸管、可关断晶闸管等有特殊功能的晶闸管。按照结构，晶闸管有螺栓型、平板型两种典型结构。螺栓型的额定电流较小，其螺栓的一端是阳极引线，另一端粗引线是阴极、细引线是门极。阳极螺栓还用以固定散热器。平板型的额定电流在 100 A 以上，其中间金属环的引线是门极，两侧平面分别是阳极和阴极。几种常见晶闸管如图 7—24 所示。

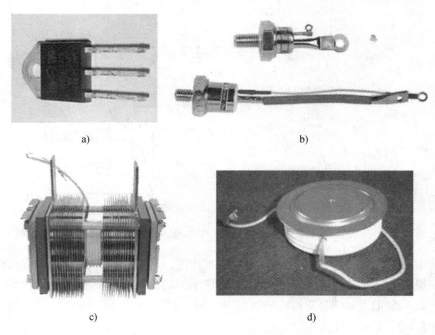

图 7—24　晶闸管
a) 8TA41　b) KS20A　c) KK2000A　d) KK4500A

如图 7—25a 所示，晶闸管有四层半导体、三个 PN 结。如图 7—25b 所示，可将一只晶闸管看作是连在一起的一只 PNP 三极管和一只 NPN 三极管。其等效电路如图 7—25c 所示。

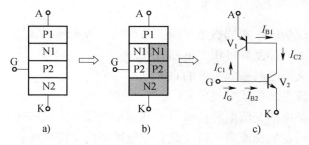

图 7—25　晶闸管原理

在阳极 A 与阴极 K 之间加上正向电压的条件下，如果在门极 G 与阴极之间加上触发电压，产生触发电流 I_G，V_2 导通并放大，产生 I_{C2}；$I_{B1} = I_{C2}$，V_1 导通并放大，产生 I_{C1}，在 $I_G = 0$ 的情况下，$I_{B2} = I_{C1}$，晶闸管继续导通，并达到饱和状态。显然，只要 I_{C1} 大于某一界限，即使触发电压已经消失，晶闸管将保持导通。这一界限称为晶闸管的维持电流。

晶闸管只有导通和关断两种工作状态。晶闸管在关断状态，如阳极电位高于阴极电位，且门极、阴极之间有足够的正向电压，则从关断转为导通。晶闸管在导通状态，如阳极电位高于阴极电位，且阳极电流大于维持电流，即使除去门极、阴极之间电压，仍然维持导通；如阳极电位低于阴极电位或阳极电流小于维持电流，则从导通转为关断。

2. 晶闸管的特性和技术参数

（1）晶闸管的伏安特性。晶闸管的伏安特性是其阳极电流 I_A 与阳、阴极电压 U_{AK} 的关系曲线。晶闸管的伏安特性如图 7—26 所示。在门极断开，即门极电流 $I_G = 0$ 时，在其阳极和阴极之间加正向电压 U_{AK}，随着 U_{AK} 增加，阳极电流 I_A 沿曲线的 0A 段变化。这时的阳极电流增加很慢，只有数 mA，称为正向漏电流。这时晶闸管的阳极和阴极之间处于正向关断状态。

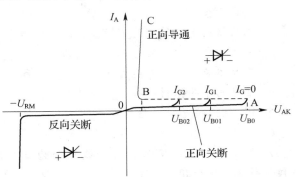

图 7—26　晶闸管的伏安特性曲线

当阳极电压升高到 U_{B0} 时，晶闸管由关断转为导通，阳极电流急剧增大，伏安特性由 0A 跳变到 BC 段。晶闸管导通后，U_{AK} 降低为 1 V 左右。U_{AK} 称为正向转折电压。这种不加控制电压，即 $I_G = 0$，只是在很高的阳极电压作用下，使晶闸管导通的状态不是晶闸管的正常工作状态。

晶闸管正常工作时，应保持阳、阴极之间外加电压 $U_{AK} < U_{B0}$，并在门极、阴极之间加正向触发电压。这时，触发电流 $I_G \neq 0$，正向转折电压降低。I_G 越大，转折电压越低。图中，触发电流 $I_{G2} > I_{G1} > 0$，相应的转折电压 $U_{B02} < U_{B01} < U_{B0}$。当 I_G 足够大时，只要很小的正向电压就能导通。

当阳极、阴极加反向电压时，晶闸管处于反向关断状态，其特性与硅二极管的反向特性相似。当反向电压超过击穿电压 U_{RM} 时，晶闸管被击穿，电流急剧增大，晶闸管被损坏。

（2）晶闸管的技术参数

1）正向关断峰值电压 U_{DRM}。门极开路时，允许加在晶闸管阳极与阴极之间的正向峰值电压。一般规定为比正向转折电压低 100 V。

2）反向关断峰值电压 U_{RRM}。门极开路时，允许加在晶闸管阳极与阴极之间的反向峰值电压。规定为比反向击穿电压低 100 V 或反向击穿电压的 80%。通常把 U_{DRM} 和 U_{RRM} 中较低的一个作为晶闸管元件的额定电压。

3）额定正向平均电流 I_F

是在规定的结温、环境温度和冷却条件下，晶闸管一个周期内允许通过的工频正弦半波电流的平均值。

4）维持电流 I_H

门极开路时，能维持晶闸管继续导通的最小阳极电流。

5）触发电压 U_G 和触发电流 I_G

在阳极与阴极之间加有一定正向电压的条件下，能使晶闸管导通的最小门极控制电压和控制电流。前者约为 1~5 V、后者为数 mA 至数百 mA。

练 习 题

一、填空题

1. 电阻器的电路符号为_____，单位为_____。

2. 常用的电阻器可分为三类分别为_____、_____、_____。

3. 半导体是一种导电能力介于_____和_____之间的物质。

4. 常见的半导体材料有_____和_____两种。

5. PN 结正偏是指 P 区接电源的_____极；N 区接电源的_____极。

6. 二极管具有_____性，即正偏_____，反偏_____。

7. 晶体三极管的输出特性曲线可分为三个区域，即_____、_____、_____。三极管作为放大使用时，工作在_____区。

二、选择题

1. 当环境温度升高时，晶体二极管的反向电流将（　　）。

A. 增大　　　　　　　　　　B. 减小　　　　　　　　　　C. 不变

2. 测量小功率晶体二极管性能好坏时，应把万用表欧姆挡拨到（　　）。

A. $R×100$ 或 $R×1$ k　　　　B. $R×1$　　　　　　　　C. $R×10$ k

3. 半导体中的空穴和自由电子数目相等，这样的半导体称为（　　）。

A. P 型半导体　　　　　　　B. 本征半导体　　　　　　C. N 型半导体

4. 稳压管的稳压性能是利用（　　）实现的。

A. PN 结的单向导电性　　　　　　　　　　B. PN 结的反向击穿特性

C. PN 结的正向导通特性

5. 二极管的正向电阻（　　）反向电阻。

A. 大于　　　　　　　　　　B. 小于　　　　　　　　　　C. 等于

三、判断题

1. 电阻器是对电流流动具有一定阻抗力的器件。　　　　　　　　　　（　　）

2. 晶体二极管有一个 PN 结，所以有单向导电性。　　　　　　　　　（　　）

3. 将 P 型半导体和 N 型半导体用一定的工艺制作在一起，其交界处形成 PN 结。　　　　　　　　　　　　　　　　　　　　　　　　　　（　　）

4. 稳压二极管按材料分有硅管和锗管。　　　　　　　　　　　　　　（　　）

5. 二极管的反向电阻越大，其单向导电性能越好。　　　　　　　　　（　　）

6. 电感的单位为法拉。　　　　　　　　　　　　　　　　　　　　　（　　）

7. 晶闸管又称可控硅。　　　　　　　　　　　　　　　　　　　　　（　　）

模块二　基本放大电路及模拟集成电路

学习目标

1. 掌握晶体管基本交流放大电路分析方法。
2. 掌握多级放大电路工作原理。
3. 掌握场效应管典型放大电路工作原理。
4. 掌握直流放大电路特点。
5. 掌握集成运算放大电路的计算方法。

一、放大器的基础知识

1. 放大器的基本结构

（1）放大器定义。把微弱的电信号转变为较强的电信号的电子电路，称为放大器。

（2）放大系统构成：由信号源、放大器、负载构成。

向放大电路提供输入信号的电路或设备称为信号源。把接收放大电路输出电信号的元件或电路称为放大电路的负载。

（3）方框图：放大器方框图如图7—27所示。

图7—27　放大器方框图

2. 放大器的分类

（1）按用途分：电压放大器、电流放大器和功率放大器

（2）按工作频率分：直流、低频、中频、高频、视频放大器

（3）按信号幅度分：小信号放大器、大信号放大器

（4）按工作状态分：甲类、乙类、甲乙类等放大器

（5）按连接方式分：共发射极、共集电极、共基极放大器

（6）按偏置方式分：固定偏置放大器、分压偏置放大器、电压负反馈偏置放大器等。

3. 放大器的基本指标

为了评价一个放大器质量的优劣，常给出一些规定的指标，用来衡量放大器的性能。放大器是用来放大电信号的，因此放大倍数是它最基本的指标。

（1）放大倍数——输出信号与输入信号有效值之比（A）。计算公式见表7—7。

表7—7　　　　　　　　　　　　　　计算放大倍数公式

电压放大倍数	$A_u = \dfrac{U_o}{U_i}$
电流放大倍数	$A_i = \dfrac{I_o}{I_i}$
功率放大倍数	$A_P = \dfrac{P_o}{P_i} = A_i A_u$

（2）增益——将放大倍数用对数来表示（G）单位：dB。增益计算公式如表7—8。

表7—8 计算增益公式

电压放大增益	$G_u = 20 \lg A_u$
电流放大增益	$G_i = 20 \lg A_i$
功率放大增益	$G_P = 10 \lg A_P$

（3）对放大电路基本技术要求

1）放大电路要有一定的放大能力。

2）放大电路的非线性失真要小。

3）放大电路要有合适的输入、输出电阻。输入电阻越大越好；输出电阻越小越好。

4）放大电路的工作要稳定。

二、放大电路直流分析

1. 静态工作点设置

（1）静态：无交流信号输入时，放大电路的状态称为静态。

（2）静态工作点：当电路没有交流信号输入时，晶体管各极都加有合适的直流电压（U_{BEQ}、U_{CEQ}）和直流电流（I_{BQ}、I_{CQ}），通常把它们称为静态工作点。

（3）设置静态工作点的目的：使放大电路工作在线性放大状态，避免信号在放大过程中产生失真。

2. 固定偏置放大电路

固定偏置放大电路是最简单的一个放大电路，如图7—28所示。

（1）电路中元件作用。固定偏置放大电路中各元件作用见表7—9。

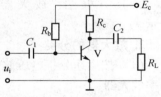

图7—28 固定偏置放大电路

表7—9 固定偏置放大电路中各元件作用

元件名称	作用
电源 E_c	给放大电路提供直流能源
三极管 V	具有电流放大作用
基极偏置电阻 R_b	向发射结提供正向偏置电压，向基极提供偏置电流
集电极负载电阻 R_c	给集电极提供合适的电压，使集电结反偏；把电流放大作用以电压放大形式表示出来
耦合电容 C_1、C_2	隔直通交

（2）直流通路图。画固定偏置放大电路直流通路图时，电容开路，直流电源不变。固定偏置放大电路直流通路图如图7—29所示。

（3）静态工作点的计算。固定偏置放大电路静态工作点的计算见表7—10。

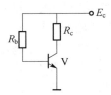

图 7—29　固定偏置放大电路直流通路图

表 7—10　　　　　　　固定偏置放大电路静态工作点的计算公式

工作点	公式	单位
U_{BEQ}	$U_{BEQ} = 0.7\ \text{V}$（硅） $U_{BEQ} = 0.3\ \text{V}$（锗）	V
I_{BQ}	$I_{BQ} = \dfrac{E_C - U_{BEQ}}{R_b}$	μA
I_{CQ}	$I_{CQ} = \beta I_{BQ}$	mA
U_{CEQ}	$U_{CEQ} = E_C - I_{CQ} R_C$	V

3. 分压式直流负反馈偏置电路

分压式直流负反馈偏置电路是一种常用的放大电路，如图 7—30 所示。

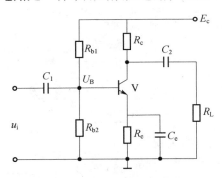

图 7—30　分压式直流负反馈偏置电路

（1）电路中元件作用。分压式直流负反馈偏置电路中各元件作用见表 7—11。

表 7—11　　　　　　分压式直流负反馈偏置电路中各元件作用

元件名称	作用
电源 E_C	给放大电路提供直流能源
上偏置电阻 R_{b1}	R_{b1}、R_{b2}组成分压电路，固定基极电压 U_B
下偏置电阻 R_{b2}	
反馈电阻 R_e	产生电流负反馈，稳定集电极电流
旁路电容 C_e	使交流信号电流顺利通过，不致在 R_e 上产生负反馈

（2）直流通路图。画分压式直流负反馈偏置电路直流通路图时，电容开路，直流电源不变。分压式直流负反馈偏置电路直流通路图如图 7—31 所示。

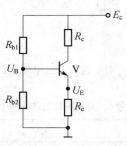

图 7—31　分压式直流负反馈偏置电路直流通路图

（3）静态工作点的计算。分压式直流负反馈偏置电路静态工作点的计算见表 7—12。

表 7—12　　　　　　　　分压式直流负反馈偏置电路静态工作点的计算公式

工作点	公式	单位
U_B	$U_B = \dfrac{R_{b2}}{R_{b1}+R_{b2}} E_C$	V
U_E	$U_E = U_B - U_{BEQ}$	V
U_{BEQ}	$U_{BEQ} = 0.7\ \text{V}$（硅） $U_{BEQ} = 0.3\ \text{V}$（锗）	V
$I_{CQ} = I_{EQ}$	$I_{CQ} = I_{EQ} = \dfrac{U_E}{R_E}$	mA
I_{BQ}	$I_{BQ} = \dfrac{I_{CQ}}{\beta}$	μA
U_{CEQ}	$U_{CEQ} = E_C - I_{CQ}\,(R_C + R_e)$	V

（4）图解法求静态工作点。除了使用计算法求解静态工作点外，还可以利用晶体管的输出特性曲线，通过作图的方法，确定放大电路的静态工作点。用图解法求解静态工作点，可清楚地观察到三极管的工作状态，得到用计算法无法得到的效果，如图 7—32 所示。

步骤：

1）确定 M（E_C，0）、N（0，$\dfrac{E_C}{R_C}$）两点。

2）连接 M、N 作直流负载线。

3）利用公式确定 I_{BQ}：$I_{BQ} = \dfrac{E_C - U_{BEQ}}{R_b}$。

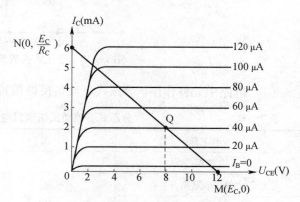

图 7—32　图解法求静态工作点

4）直流负载线与 I_{BQ} 的交点 Q 为静态工作点。分别向 U_{CE} 轴和 I_C 轴引垂线，两垂足所对应的点为 U_{CEQ}、I_{CQ} 的值。

三、放大电路交流分析

1. 固定偏置放大电路

（1）交流通路图。画固定偏置放大电路交流通路图时，电容短路，直流电源短路。固定偏置放大电路交流通路图如图 7—33 所示。

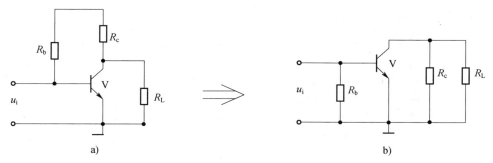

图 7—33　固定偏置放大电路交流通路图

a）固定偏置放大电路　b）交流通路图

（2）交流计算。固定偏置放大电路交流计算见表 7—13。

表 7—13　　　　　　　　固定偏置放大电路交流计算公式

参数	公式	单位
三极管输入电阻 r_{be}	$r_{be} = 300 + (1+\beta)\dfrac{26\ mV}{I_{EQ}\ mA}$	Ω
放大电路的输入电阻 r_i	$r_i = r_{be}$	Ω
放大电路的输出电阻 r_o	$r_o = R_c$	Ω
放大电路的电压放大倍数 A_u	$A_u = -\beta\dfrac{R_L'}{r_{be}}$ $R_L' = \dfrac{R_C R_L}{R_C + R_L}$	

2. 分压式直流负反馈偏置电路

（1）交流通路图。画分压式直流负反馈偏置电路交流通路图时，电容短路，直流电源短路。分压式直流负反馈偏置电路交流通路图如图 7—34 所示。

（2）交流计算。分压式直流负反馈偏置电路交流计算见表 7—14。

表 7—14　　　　　　　　分压式直流负反馈偏置电路交流计算公式

参数	公式	单位
三极管输入电阻 r_{be}	$r_{be} = 300 + (1+\beta)\dfrac{26\ mV}{I_{EQ}\ mA}$	Ω
放大电路的输入电阻 r_i	$r_i = R_{b1} /\!/ R_{b2} /\!/ r_{be}$	Ω
放大电路的输出电阻 r_o	$r_o = R_c$	Ω

参数	公式	单位
放大电路的电压放大倍数 A_u	$A_u = -\beta \dfrac{R'_L}{r_{be}}$ $$R'_L = \frac{R_C R_L}{R_C + R_L}$$	

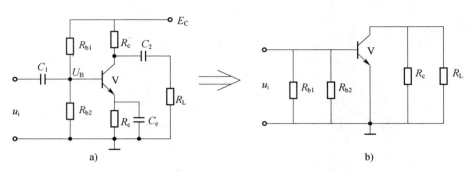

图 7—34　分压式直流负反馈偏置电路交流通路图
a）分压式直流负反馈偏置电路　b）交流通路图

四、多级放大电路

在实际电子设备中，输入信号一般都很微弱。为了把微弱的电信号放大到负载所要求的数值，单级放大电路是做不到的。这样就要把几个单级放大器连在一起，构成一个多级放大器。如图 7—35 所示。各级放大器之间连接方式叫作耦合。多级放大电路的级间耦合方式有三种：阻容耦合、直接耦合、变压器耦合。

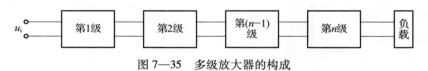

图 7—35　多级放大器的构成

1. 阻容耦合

（1）电路构成。如图 7—36 所示。

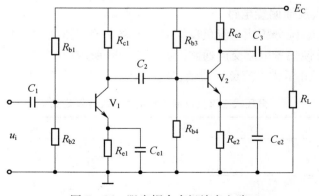

图 7—36　阻容耦合多级放大电路

（2）定义：级与级间采用电容耦合，而电容的容量由信号频率和偏置电阻等决定，使电容的容抗对该频率而言足够小。这种级间的连接方式叫阻容耦合。

（3）特点：

1）优点：静态工作点彼此独立，互不影响，调整方便。

2）缺点：A. 不能放大频率很低和变化缓慢的信号。

B. 不适于集成化。

（4）适用范围：适用于一般分立元件交流放大。

2. 直接耦合

（1）电路构成。如图 7—37 所示。

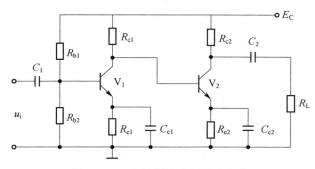

图 7—37　直接耦合多级放大电路

（2）定义：第一级的输出端与第二级的输入端直接连起来，这种级间的连接方式叫直接耦合。

（3）特点：

1）优点：能够放大频率很低和变化十分缓慢的信号。

2）缺点：各级静态工作点相互影响。

（4）适用范围：适用于集成电路直流放大。

3. 变压器耦合

（1）电路构成。如图 7—38 所示。

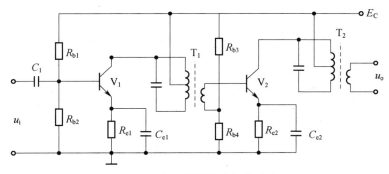

图 7—38　变压器耦合多级放大电路

（2）定义：利用变压器把前后两级连接起来，这种级与级连接方式叫变压器耦合。

（3）特点：

1）优点：各级静态工作点相互独立。

2）缺点：$\begin{cases} A. 体积大、成本高。 \\ B. 不能放大频率很低和变化缓慢信号。 \\ C. 不适于集成化。 \end{cases}$

（4）适用范围：低频功率放大、中频调谐放大。

4. 阻容耦合多级放大器分析

（1）静态分析

1）直流通路图。如图 7—39 所示。

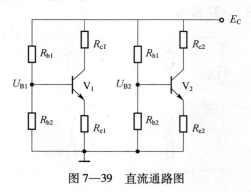

图 7—39　直流通路图

2）求 U_B：$U_B = \dfrac{R_{b2}}{R_{b1}+R_{b2}} E_C$

3）求 U_E：$U_E = U_B - U_{BEQ}$

4）求 I_{EQ}：$I_{EQ} = \dfrac{U_E}{R_e}$

5）求 I_{CQ}：$I_{CQ} = I_{EQ}$

6）求 U_{CEQ}：$U_{CEQ} = E_C - I_{CQ}(R_C + R_e)$

7）求 I_{BQ}：$I_{BQ} = \dfrac{I_{CQ}}{\beta}$

（2）交流性能分析

1）交流通路图。图 7—40 所示。

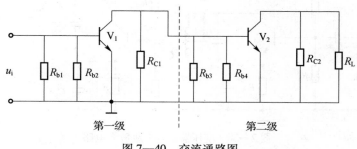

第一级　　　　　第二级

图 7—40　交流通路图

2）交流参数计算：

① 电压放大倍数 A_u：多级放大器的电压放大倍数等于各级放大器放大倍数之积。即

$A_\mathrm{u} = A_\mathrm{u1} A_\mathrm{u2} A_\mathrm{u3} \cdots A_{\mathrm{u}n}$。

②输入电阻 r_i：多级放大器的输入电阻就是第一级放大器的输入电阻，即 $r_\mathrm{i} = r_\mathrm{i1}$。

③输出电阻 r_o：多级放大器的输出电阻就是最后一级放大器的输出电阻，即 $r_\mathrm{o} = r_{\mathrm{o}n}$。

五、直流放大电路

在工业自动控制系统中，经常要将一些物理量（如温度、转速变换的）通过传感器转化为相应的电信号，而此类信号往往是变化极其缓慢的，或者是极性固定不变的直流信号。这类信号不能用阻容耦合或变压器耦合的放大器放大，因为频率为零直流信号或变化缓慢的交流信号将被电容或变压器所隔断。这时就必须采用直接耦合的直流放大器。

1. 多级放大电路的耦合方式

为了获得足够高的增益或满足输入电阻、输出电阻的特殊要求，实用的放大电路通常由几级基本放大单元级联而成，构成多级放大电路。各级之间常用的耦合方式有阻容耦合、变压器耦合、直接耦合三种。直接耦合也称为直流耦合。其优缺点如下。

（1）优点：信号传输通路没有电抗元件，可以放大直流及缓慢变化的信号；体积小，便于集成。

（2）缺点：各级之间静态工作点相互影响；存在较严重的零点漂移问题。

图 7—41 是一个 3 级直接耦合放大电路。根据各级输入输出所处的电极，可以判断出第一、二级是共发射极组态，第三级是共集电极组态。

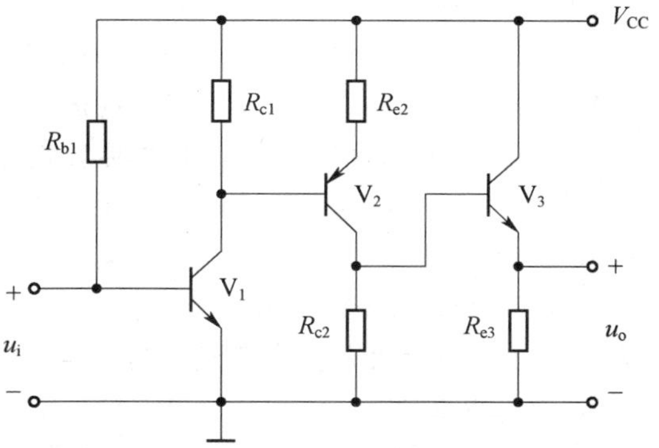

图 7—41　直接耦合放大电路

2. 零点漂移

如果将直接耦合放大电路的输入端短路，其输出端应有一固定的直流电压，即静态输出电压。但实际上输出电压将随着时间的推移，偏离初始值而缓慢地随机波动，这种现象称为零点漂移，简称零漂。零漂实际上就是静态工作点的漂移。

零漂产生的主要原因

（1）温度的变化。由温度对放大电路工作点影响一节我们知道，温度的变化最终都将导致 BJT 的集电极电流 I_c 的变化，从而使静态工作点发生变化，使输出产生漂移。因此，零漂有时也称为温漂。

（2）电源电压波动。电源电压的波动，也将引起静态工作点的波动，而产生零点漂移。

3. 分析零点漂移应注意的几个问题

（1）只有在直接耦合放大电路中，前级的零点漂移才能被逐级放大，并最终传送出。

（2）第一级的漂移影响最大，对放大电路的总漂移起着决定性作用。

（3）当漂移电压的大小可以与有效信号电压相比时，将淹没有效信号。严重时甚至使后级放大电路进入饱和或截止状态，而无法正常工作。

4. 抑制零点漂移一般措施

（1）用非线性元件进行温度补偿；

（2）采用调制解调方式，如"斩波稳零放大器"；

（3）采用差分式放大电路。

目前，第三种方式以其简单，经济，抑制零漂能力强等特点而被广泛采用。

练 习 题

一、填空题

1. 把微弱的电信号转变为较强的电信号的电子电路，称为_____。

2. 多级放大电路常用的三种耦合方式有_____、_____和_____。

3. 直流放大器是用来放大_____或_____信号的放大器。

4. 放大系统由_____、_____、_____构成。

5. 多级放大电路的耦合方式的缺点是_____。

二、选择题

1. 为了使放大器带负载能力强，一般引入（　　　）负反馈。

A. 电压　　　　　　　　B. 电流　　　　　　　　C. 串联

2. 在由 NPN 晶体管组成的基本共射放大电路中，当输入信号为 1 kHz，5 mV 的正弦电压时，输出电压波形出现了底部削平的失真，这种失真是（　　　）。

A. 饱和失真　　　　　　B. 截止失真　　　　　　C. 交越失真

3. 有两个放大倍数相同、输入和输出电阻不同的放大电路 A 和 B，对同一个具有内阻的信号源电压进行放大。在负载开路的条件下测得 A 的输出电压小。这说明 A 的（　　　）。

A. 输入电阻大　　　　　B. 输入电阻小　　　　　C. 输出电阻小

4. 不属于抑制零点漂移一般措施的是（　　　）。

A. 用非线性元件进行温度补偿

B. 采用调制解调方式

C. 采用直流放大电路

5. 零漂产生的主要原因是（　　　）。

A. 湿度的变化　　　　　B. 温度的变化　　　　　C. 参数的变化

三、判断题

1. 共集放大电路的电压放大倍数总是小于1，故不能用来实现功率放大。　　　（　　　）

2. 只有电路既放大电流又放大电压，才称其有放大作用。　　　（　　　）

3. 可以说任何放大电路都有功率放大作用。　　　（　　　）

4. 放大电路中输出的电流和电压都是由有源元件提供的。　　　（　　　）

5. 电路中各电量的交流成分是交流信号源提供的。　　　（　　　）

6. 放大电路必须加上合适的直流电源才能正常工作。　　　（　　　）

第八单元 数字电路

模块一 数字电路基础

学习目标

1. 了解数字信号的特点。

2. 掌握数制之间的转换。

一、数字信号及其特点

时间与幅度都不连续的信号称为数字信号。数字信号在时间上和数值上都是间断的，如图8—1所示。数字信号具有精度高、可靠性高、使用效率高、应用范围广等优点。

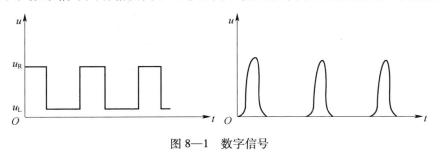

图8—1 数字信号

二、数制

1. 数制的种类

数制也称计数制，是用一组固定的符号和统一的规则来表示数值的方法。人们通常采用的数制有十进制、二进制、八进制和十六进制。数制的种类见表8—1。

表8—1　　　　　　　　　　　　　　数制种类

进制	基数	基本数码	权	特点
十进制数	10	0、1、2、3、4、5、6、7、8、9	10^i	逢十进一
二进制数	2	0、1	2^i	逢二进一
八进制数	8	0、1、2、3、4、5、6、7	8^i	逢八进一
十六进制数	16	0、1、2、3、4、5、6、7、8、9 和 A、B、C、D、E、F	16^i	逢十六进一

2. 数制之间的转换

（1）任意进制数转换成十进制数。按位权展开式展开，然后进行算术运算。

1）二进制数转换成十进制数。将二进制数转换成十进制数，只需把二进制数按位权展开式展开，然后进行算术运算，其结果即为相应的十进制数。

例：将（101101）$_2$ 转换成十进制数

（101101）$_2$ = $1×2^5+0×2^4+1×2^3+1×2^2+0×2^1+1×2^0$ = $32+8+4+1$ = （45）$_{10}$

2）八进制数转换成十进制数

例：（36）$_8$ = $3×8^1+6×8^0$ = $24+6$ = （30）$_{10}$

3）十六进制转换成十进制数

十六进制数又用 H 表示。即（56）$_{16}$ = 56H

例：将（C6A）$_{16}$ 转换成十进制数

C6AH = $12×16^2+6×16^1+10×16^0$ = $3\,072+96+10$ = （3 178）$_{10}$

（2）十进制数转换成其他进制数。采用除进制数取余法，将全部余数按相反的顺序排列。各进制对照见表8—2。

表8—2   进制对照表

十进制数	二进制数	八进制数	十六进制数
0	0000	0	0
1	0001	1	1
2	0010	2	2
3	0011	3	3
4	0100	4	4
5	0101	5	5
6	0110	6	6
7	0111	7	7
8	1000	10	8
9	1001	11	9
10	1010	12	A
11	1011	13	B
12	1100	14	C
13	1101	15	D
14	1110	16	E
15	1111	17	F

1）十进制数转换成二进制数。采用除2取余法，将全部余数按相反的顺序排列。

例：（53）$_{10}$ = （   ）$_2$

∴（53）$_{10}$ =（110101）$_2$

2）十进制数转换成八进制数

采用除 8 取余法，将全部余数按相反的顺序排列。

例：$(100)_{10} = (\qquad)_8$

```
8|1 0 0        余数
8|1 2 ------4
8|  1 -----4  ↑
     0 -----1  |
```

$\therefore (100)_{10} = (144)_8$

3）十进制数转换成十六进制数

采用除 16 取余法，将全部余数按相反的顺序排列。

例：$(50)_{10} = (\qquad)H$

```
16|5 0        余数
16|3 -------2  ↑
    0 ------3  |
```

$\therefore (50)_{10} = (32)H$

（3）二进制数与八进制数转换

从低位起每三位数分成一组，最高位不够三位补零，然后顺序写出对应的八进制数。

例：$(11010011)_2 = (\qquad)_8$

$$\underset{3}{011} \quad \underset{2}{010} \quad \underset{3}{011}$$

$\therefore (11010011)_2 = (323)_8$

（4）二进制数与十六进制数转换

从低位起每四位数分为一组，最高位不足四位补零，然后顺序写出对应的十六进制数。

例：$(1101011100)_2 = (\qquad)H$

$$\underset{3}{11} \quad \underset{5}{0101} \quad \underset{C}{1100}$$

$\therefore (1101011100)_2 = (35C)H$

（5）八进制数与二进制数转换。用三位二进制数表示一位八进制数，去掉最高位 0，然后顺序排列成二进制数。

例：$(175)_8 = (\qquad)_2$

$$\underset{01}{1} \quad \underset{111}{7} \quad \underset{101}{5}$$

$\therefore (175)_8 = (1111101)_2$

（6）十六进制数与二进制数转换

用四位二进制数表示一位十六进制数，去掉最高位的 0，然后顺序排列起来便求出二进制数。

例：$(25A)H = (\qquad)_2$

$$\underset{11}{2} \quad \underset{0101}{5} \quad \underset{1010}{A}$$

$\therefore (25A)H = (1101011010)_2$

练 习 题

一、填空题

1. $(100011110)_2 = ($ $)_8 = ($ $)_{16}$

2. $(56)_8 = ($ $)_2 = ($ $)_{10}$

3. $(3BD)_{16} = ($ $)_2 = ($ $)_{10} = ($ $)_8$

二、判断题

1. 十进制数 74 转换为 8421BCD 码应当是 $(01110100)_{8421BCD}$。 （   ）

2. 二进制只可以用来表示数字，不可以用来表示文字和符号等。 （   ）

3. 十进制转换为二进制的时候，整数部分和小数部分都要采用除 2 取余法。 （   ）

模块二   逻辑门电路

学习目标

1. 掌握逻辑电路的符号、真值表、表达式。

2. 了解 TTL 电路和 CMOS 电路的使用。

一、逻辑门电路

实现基本和常用逻辑运算的电子电路，称作逻辑门电路。在数字电路中，所谓"门"就是只能实现基本逻辑关系的电路。

1. 基本门电路

最基本的逻辑关系是与、或、非，最基本的逻辑门是与门、或门、非门。实现"与"运算的叫与门，实现"或"运算的叫或门，实现"非"运算的叫非门，也叫作反相器。在数字电路中表征逻辑事件输入和输出之间全部可能状态的表格被称为真值表。基本门电路见表8—3。

表 8—3   **基本门电路**

门电路	逻辑表达式	运算规则	逻辑门电路的符号
与门	$F = AB$	$0 \cdot 0 = 0$; $0 \cdot 1 = 0$; $1 \cdot 0 = 0$; $1 \cdot 1 = 1$	
或门	$F = A + B$	$0 + 0 = 0$; $0 + 1 = 1$; $1 + 0 = 1$; $1 + 1 = 1$	
非门	$F = \overline{A}$	$\overline{0} = 1$; $\overline{1} = 0$	

2. 组合门电路

（1）与非门

1）表达式：$F = \overline{AB}$

2）符号：与非门符号如图 8—2 所示。

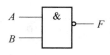

图 8—2　与非门符号

3）真值表：与非门的真值表见表 8—4。

表 8—4　　　　　　　　　　　　　　与非门的真值表

A	B	AB	$\overline{AB}$
0	0	0	1
0	1	0	1
1	0	0	1
1	1	1	0

（2）或非门

1）表达式：$F = \overline{A+B}$

2）符号：或非门符号如图 8—3 所示。

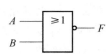

图 8—3　或非门符号

3）真值表：或非门的真值表见表 8—5。

表 8—5　　　　　　　　　　　　　　或非门的真值表

A	B	A+B	$\overline{A+B}$
0	0	0	1
0	1	1	0
1	0	1	0
1	1	1	0

（3）与或非门

1）表达式：$F = \overline{AB+CD}$

2）符号：与或非门符号如图 8—4 所示。

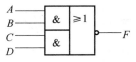

图 8—4　与或非门符号

3）真值表：与或非门的真值表见表 8—6。

表 8—6　　　　　　　　　　　　　　与或非门的真值表

A	B	C	D	AB	CD	AB+CD	$\overline{AB+CD}$
0	0	0	0	0	0	0	1
0	0	0	1	0	0	0	1
0	0	1	0	0	0	0	1
0	0	1	1	0	1	1	0
0	1	0	0	0	0	0	1
0	1	0	1	0	0	0	1
0	1	1	0	0	0	0	1

A	B	C	D	AB	CD	AB+CD	$\overline{AB+CD}$
0	1	1	1	0	1	1	0
1	0	0	0	0	0	0	1
1	0	0	1	0	0	0	1
1	0	1	0	0	0	0	1
1	0	1	1	0	1	1	0
1	1	0	0	1	0	1	0
1	1	0	1	1	0	1	0
1	1	1	0	1	0	1	0
1	1	1	1	1	1	1	0

二、TTL 和 CMOS 门

现在数字集成电路产品已经完全取代了早期分立元件组成的数字电路。数字集成电路产品的种类越来越多，其分类方法也有很多种，如果按照电路结构来分类，可以分成 TTL 型和 CMOS 型两大类。

1. TTL 集成逻辑门

TTL 与非门有较高的工作速度、较强的抗干扰能力、较大的输出幅度和较强的负载能力等优点，因而得到了广泛的应用。

常见的 TTL54/74 系列，特点是电源电压为 5.0 V，逻辑"0"输出电压 ≤ 0.2 V，逻辑"1"输出电压 ≥ 3.0 V，抗扰度为 1.0 V。

以 74LS20 为例，它是四输入双与非门的集成电路，即在一个集成块内含有两个互相独立的与非门，每个与非门有四个输入端，其逻辑符号及引脚排列如图 8—5 所示。

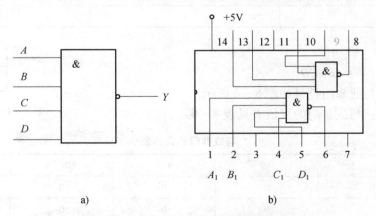

a)　　　　　　　　　　　　　　b)

图 8—5　74LS20 的逻辑符号及引脚排列

a）逻辑符号　b）引脚排列

2. TTL 集成电路使用规则

（1）接插集成块时，要认清定位标记，不得插反。

（2）电源电压使用范围为+4.5～+5.5 V，实验中要求使用 V_{CC} = +5 V。电源极性绝对不允许接错。

（3）闲置输入端处理方法：

1）悬空，相当于正逻辑"1"，对于一般小规模集成电路的数据输入端，实验时允许悬空处理。但易受外界干扰，导致电路的逻辑功能不正常。因此，对于接有长线的输入端，中规模以上的集成电路和使用集成电路较多的复杂电路，所有控制输入端必须按逻辑要求接入电路，不允许悬空。

2）直接接电源电压 V_{CC}（也可以串入一只 $1\sim10\ k\Omega$ 的固定电阻）或接至某一固定电压（$+2.4\ V\leqslant V\leqslant4.5\ V$）的电源上，或与输入端为接地的多余与非门的输出端相接。

3）若前级驱动能力允许，可以与使用的输入端并联。

（4）输入端通过电阻接地，电阻值的大小将直接影响电路所处的状态。当 $R\leqslant680\ \Omega$ 时，输入端相当于逻辑"0"；当 $R\geqslant4.7\ k\Omega$ 时，输入端相当于逻辑"1"。对于不同系列的器件，要求的阻值不同。

（5）输出端不允许并联使用，否则不仅会使电路逻辑功能混乱，并会导致器件损坏。

（6）输出端不允许直接接地或直接接+5 V 电源，否则将损坏器件，有时为了使后级电路获得较高的输出电平，允许输出端通过电阻 R 接至 V_{CC}，一般取 $R=3\sim5.1\ k\Omega$。

3. CMOS 集成逻辑门

CMOS 数字集成电路比 TTL 集成电路有更多的优点：工作电源电压范围宽、静态功耗低、抗干扰能力强、输入阻抗高、成本低等。

CMOS 门电路有与非门、或非门、异或门等。图 8—6 所示是几个典型的 CMOS 电路。

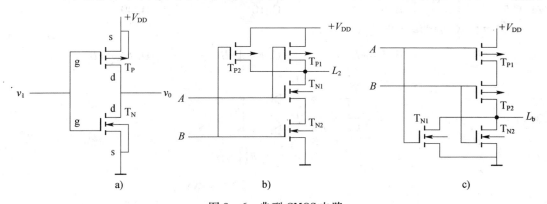

图 8—6　典型 CMOS 电路

a）CMOS 反相器　b）CMOS 与非门电路　c）CMOS 或非门电路

4. CMOS 电路的正确使用

（1）输入电路的静电防护。不要使用易产生静电高压的化工材料、化纤织物包装，最好采用金属屏蔽层作包装材料。组装、调试时，应使电烙铁和其他工具、仪表、工作台台面等良好接地；操作人员的服装和手套等应选用无静电的原料制作。

（2）不用的输入端不应悬空。

1）对于与非门及与门，多余输入端应接高电平。比如直接接电源正端或通过一个上拉电阻接电源正端；在前级驱动能力允许时，也可以与有用的输入端并联使用。

2）对于或非门及活门，多余输入端应接低电平，比如直接接地；也可以与有用的输入端并联使用。

练 习 题

一、判断题

1. 若两个函数相等，则它们的真值表一定相同；反之，若两个函数的真值表完全相同，则这两个函数未必相等。　　　　　　　　　　　　　　　　　　　　　　　　　　（　　　）

2. 证明两个函数是否相等，只要比较它们的真值表是否相同即可。　　　　　（　　　）

二、选择题

1. 图中完成的逻辑功能是（　　　）。

A. $F=AB$　　　　　　　B. $F=\overline{AB}$　　　　　　　C. $F=\overline{A+B}$　　　　　　　D. $F=A+B$

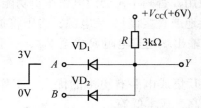

2. 欲对全班 49 名学生以二进制代码编码表示，最少需要二进制的位数是（　　　）。

A. 5　　　　　　　　B. 6　　　　　　　　C. 10　　　　　　　　D. 49

3. 图中完成的逻辑功能是（　　　）。

A. $F=AB$　　　　　　　B. $F=\overline{AB}$　　　　　　　C. $F=\overline{A+B}$　　　　　　　D. $F=A+B$

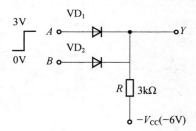

4. TTL 电路中，高电平 V_H 的标称值是（　　　）。

A. 0.3 V　　　　　　　B. 2.4 V　　　　　　　C. 3.6 V　　　　　　　D. 5 V

5. 下图中，能完成 $F=\overline{A}$ 运算的电路为（　　　）。

A. 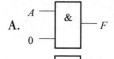　　　　　　　　B.

C. 　　　　　　　　D.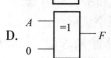

练习题参考答案

第一单元

模块一

1. 电源，负载 R，中间环节（导线、开关 S 等）。

2. 通路，短路，开路。

3. 电压，电流，电阻；$I = U/R$ 或 $U = IR$。

4. 根据 $P = \dfrac{W}{t} = UI = I^2 R = \dfrac{U^2}{R}$，求得电流不超过 0.1 A，电压不超过 10 V。

模块二

1. 频率，振幅值，初相角。

2. 50 Hz，互为倒数。

3. 两，波形图，解析式。

4. $U_{Y相} = 220$ V，$U_{Y线} = \sqrt{3}\, U_{Y相} = 380$ V，$U_{线} = U_{相} = 220$ V。

5. 11 A。

第二单元

模块一

一、填空题

1. 机械调零

2. 并，红，黑

3. 串，红，黑

4. 欧姆

二、选择题

1. A　2. D　3. D

模块二

一、填空题

1. 不用断开电路就可以测量电流，测量精度比较低

2. 机械调零

3. 电流互感器，整流系电流表

二、判断题

1. ×　2. √　3. √　4. √

模块三

一、填空题

1. 开路实验，短路实验

2. 1 000 V，500 V

二、判断题

1. √　2. √　3. ×

模块四

一、填空题

1. 手摇交流发电机，电流互感器，检流计，测量电路

2. 4 Ω

3. 10 Ω

二、判断题

1. √　2. ×

第三单元

模块一

1. 图形符号，文字符号

2. 多线表示方法，单线表示方法

3. 集中表示法，半集中表示法，分开表示法

4. 功能布局法，位置布局法

模块二

1. 电阻器，电容器，电感器，熔断器，断路器

2. 交流，直流，输入，输出

模块三

1. 短路保护，过载保护

2. 化整为零，先主后辅，自上而下，自左而右，逐一检查

模块四

1. 指导各种电气设备、电气线路的安装、运行、维护和管理

2. 电气平面图

第四单元

模块一

一、填空题

1. 直流电动机，交流电动机，驱动用电动机，控制用电动机

2. 50 Hz，60 Hz，1 200，1 500，1 200，1 500

3. 过载，短路

二、判断题

1. √　2. ×　3. √　4. ×　5. ×　6. ×

模块二

1.

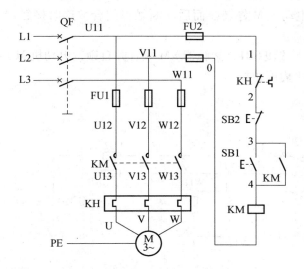

工作原理：

（1）合上电源开关 QF。

（2）按下启动按钮 SB1→KM 线圈得电 ┏→KM 的辅助常开触点闭合 → 自锁
                                    ┗→KM 的主触点闭合 → 电动机 M 启动运转

（3）按下停止按钮 SB2→KM 线圈失电 ┏→KM 的辅助常开触点断开 → KM 线圈失电
                                    ┗→KM 的主触点断开 → 电动机 M 停转

2.

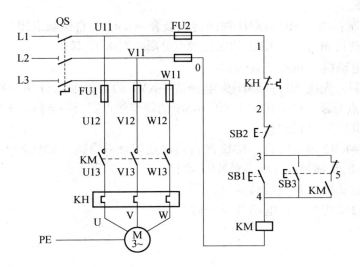

工作原理如下：

（1）先合上电源开关 QS。

（2）点动：按下按钮 SB3，其动断触点先断开自锁电路，动合触点使接触器 KM 线圈得电，主触点闭合，电动机 M 运转。松开按钮 SB3，其动合触点先断开，使接触器 KM 线圈失电，主触点断开，电动机 M 停转。而后动断触点闭合，这时接触器 KM 的自锁辅助触点已断开。

（3）长动时：按下按钮 SB1，接触器 KM 吸合并自锁，电动机 M 运转；松开 SB1，电动机 M 仍继续运转；SB1 为停止按钮。

模块三

1.

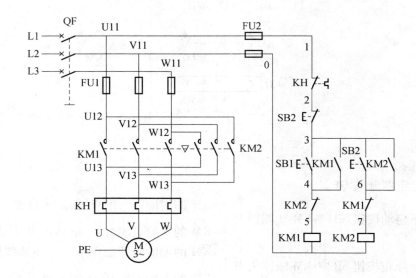

工作原理：

（1）合上 QF。

（2）正转控制：按下 SB1→KM1 线圈得电吸合→KM1 的自锁触点闭合→自锁→KM1 的主触点闭合→电动机 M 正转→KM1 的联锁触点分断→对 KM2 联锁。

松开 SB1→电动机 M 继续正转运行。

（3）反转控制：先按 SB3→KM1 失电释放→KM1 的自锁触点分断→解除对 KM1 的自锁→KM1 的主触点分断→电动机 M 停转→KM1 的联锁触点闭合→解除对 KM2 的联锁。

松开 SB3→电动机 M 已停转。

再按下 SB2→KM2 得电吸合→KM2 的自锁触点闭合→自锁→KM2 的主触点闭合→电动机 M 反转→KM2 的联锁触点分断→对 KM1 联锁。

松开 SB2→电动机 M 继续反转运行。

按 SB3→KM2 失电释放，电动机 M 停转。

2.

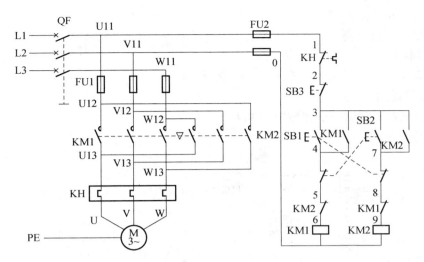

工作原理：

先合上电源开关 QF。

（1）正转控制：

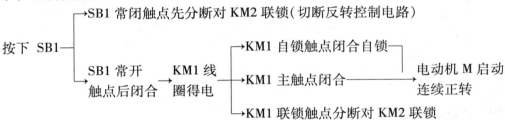

（2）反转控制：

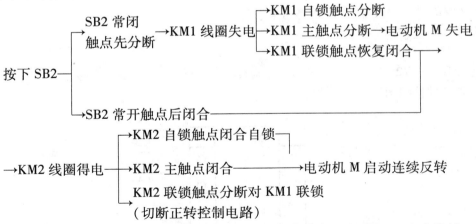

若要停止，按下 SB3，整个控制电路失电，主触点分断，电动机 M 失电停转。

模块四

一、填空题

1. CPU（中央处理器）、存储器（RAM/ROM）、输入/输出（I/O）接口电路、电源、

外设接口，I/O 扩展接口

2. 输入采样，输出刷新

3. 梯形图，指令表

二、判断题

1. × 　2. √ 　3. √ 　4. √ 　5. × 　6. × 　7. × 　8. √

三、编程练习

1. 电动机双重联锁正反转控制的 PLC 设计

（1）工作原理

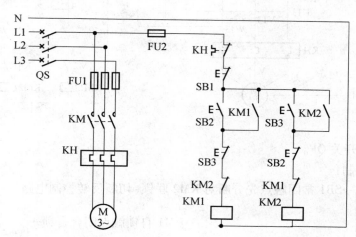

（2）I/O 分配

IN：

SB1 停止按钮——X1

SB2 正转按钮——X2

SB3 反转按钮——X3

OUT：

线圈 KM1——Y1

线圈 KM2——Y2

（3）画外部接线图

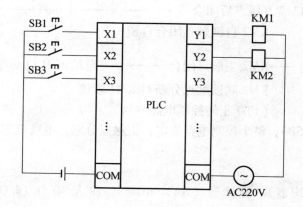

（4）梯形图

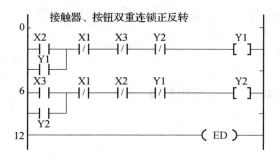

接触器、按钮双重连锁正反转

（5）布尔非梯形图（指令表）

0	ST	X2	7	OR	Y2
1	OR	Y1	8	AN/	X1
2	AN/	X1	9	AN/	X2
3	AN/	X3	10	AN/	Y1
4	AN/	Y2	11	OT	Y2
5	OT	Y1	12	ED	
6	ST	X3			

（6）运行调试程序

第五单元　供配电系统

模块一

一、填空题

1. 变电所，配电所

2. 0.22，0.38，3，6，10，35，110，220，330，550，高压，低压

3. IT，TT，TN

二、选择题

1. D

2. C

模块二

一、填空题

1. 银，铜，铁，钨，铜，铝，裸导线 ，电磁线，绝缘导线

2. 明敷，暗敷

3. 瓷珠配线，瓷瓶配线，钢精卡子护套线配线，槽板（塑料槽板）配线，管配线（钢管，塑料管），钢索配线等。

二、选择题

1. B　2. C

模块三

一、填空题

1. 用来计量电能的电工仪表，电度表，瓦时表

2. 电能表的分类：

（1）工业与民用表，电子标准表，最大需量表，复费率表

（2）机械式，电子式，混合式

（3）交流表，直流表

（4）直接接入式，间接接入式

（5）单相，三相三线，三相四线电能表

（6）有功电能表，无功电能表

二、选择题

1. D　2. A

模块四

一、填空题

1. 灯座，开关，插座，挂线盒，木台

2. 灯管，启辉器，镇流器，镇流器座，灯座

二、选择题

1. A　2. B

模块五

一、填空题

1. 目录、电气设计说明、电气规格做法表、电气外线总平面图、电气系统图、电气施工平面图、电气大样图

2. 图例，符号

二、选择题

1. A　2. B

第六单元

模块一

一、填空题

1. 直击雷，感应雷击，球雷，雷电侵入波

2. 避雷针，避雷带，避雷网

3. 接闪器，引下线，接地装置

二、选择题

1. D　2. C

模块二

填空题

1. 为了满足电力系统工作上的需要，将电气回路中的某一点进行接地

2. 为了防止电气设备绝缘损坏漏电而带来运行人员触电的危险，在正常运行情况下，将电气设备不带电的金属外壳通过接地装置与大地作良好的电气连接

3. 为了防止电气设备绝缘损坏漏电而带来对运行人员触电的危险，在正常运行情况下，将电气设备不带电的金属外壳与变压器引出的零线相连接

模块三

一、填空题

1. 不带任何防护设备，对人体各部分组织均不造成伤害的电压值

2. 50 V，12 V，24 V，36 V

3. 绝缘手套，绝缘靴，绝缘棒

4. 0.7 m，1 m，1.5 m，3 m，5 m

二、判断题

1.√ 2.× 3.× 4.√ 5.√ 6.√ 7.× 8.√ 9.× 10.√

模块四

一、填空题

1. 人工，自然，人工，垂直

2. 0.6 m，3 m，5 m，2.5 m，5 m

3. 人工，自然，自然，金属管道，金属构件，混凝土桩，柱

4. 0.5~1 m，1.5~3 m，0.3~0.5 m，250 mm~300 mm；10~15 mm。

二、判断题

1.√ 2.√ 3.× 4.× 5.√

模块五

填空题

1. 指接地体的流散电阻与接地线的电阻之和，工频，工频电流

2. 10 Ω，100 kW，4 Ω

3. 4 Ω，10 Ω

模块六

一、填空题

1. 单线触电形式，两线触电形式，跨步电压触电形式

2. 通过人体电流的大小，触电电流的持续时间，触电电流种类，触电电流途径，人体特征

二、选择题

1. A   2. A

第七单元

模块一

一、填空题

1. R，Ω

2. 固定电阻器，可变电阻器，敏感电阻器

3. 导体，绝缘体

4. 硅材料，锗材料

5. 正，负

6. 单向导电性，导通，截止

7. 放大区，饱和区，截止区，放大区

二、选择题

1. A 2. A 3. B 4. B 5. B

三、判断题

1. √ 2. √ 3. √ 4. × 5. × 6. × 7. √

模块二

一、填空题

1. 放大器

2. 阻容耦合，直接耦合，变压器耦合

3. 频率为零直流信号，变化缓慢的交流信号

4. 信号源，放大器，负载

5. 各级之间静态工作点相互影响，存在较严重的零点漂移问题

二、选择题

1. A 2. A 3. C 4. C 5. B

三、判断题

1. × 2. × 3. √ 4. × 5. × 6. √

第八单元

模块一

一、填空题

1. 436，11E

2. 101110，46

3. 1110111101，957，1675

二、判断题

1. √ 2. × 3. ×

模块二

一、判断题

1. × 2. √

二、选择题

1. A 2. B 3. D 4. C 5. B